海关"12个必"之国门生物安全关口"必把牢"系列
进出境动植物检疫业务指导丛书

进出境动植物检疫实务

精液胚胎^篇

总策划◎韩　钢

总主编◎徐自忠

主　编◎李凌枫

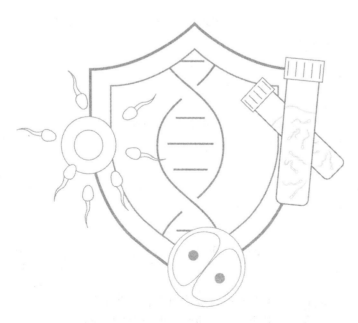

中国海南出版社有限公司
中国·北京

图书在版编目（CIP）数据

进出境动植物检疫实务. 精液胚胎篇／李凌枫主编.
北京：中国海关出版社有限公司，2025. -- ISBN 978-7-
5175-0877-9

Ⅰ. S851. 34；S41

中国国家版本馆 CIP 数据核字第 2025TH4658 号

进出境动植物检疫实务：精液胚胎篇

JINCHUJING DONGZHIWU JIANYI SHIWU：JINGYE PEITAI PIAN

总 策 划：韩　钢
主　　编：李凌枫
责任编辑：孙　倩
责任印制：王怡莎
出版发行：中国海关出版社有限公司
社　　址：北京市朝阳区东四环南路甲1号　　邮政编码：100023
网　　址：www. hgcbs. com. cn
编 辑 部：01065194242-7506（电话）
发 行 部：01065194221/4238/4246/5127（电话）
社办书店：01065195616（电话）
　　　　　https：//weidian. com/？userid＝319526934（网址）
印　　刷：北京联兴盛业印刷股份有限公司　　经　　销：新华书店
开　　本：710mm×1000mm　1/16
印　　张：13. 75　　　　　　　　　　　　字　　数：230 千字
版　　次：2025 年 1 月第 1 版
印　　次：2025 年 1 月第 1 次印刷
书　　号：ISBN 978 - 7 - 5175 - 0877 - 9
定　　价：68. 00 元

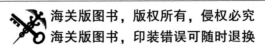

本书编委会

——————◇——————

总　策　划：韩　钢

总　主　编：徐自忠

主　　　编：李凌枫

编委会成员：杨新武　王志良　华玉卓　郑　云　谢银杰

张小华　艾　军　韩佃刚　张　冲　董　俊

叶玲玲　肖荣海

前　言

国门生物安全属于非传统安全，是指一个国家（地区）避免因管制性生物通过出入境口岸进出境而产生危险的状态，以及维护这种安全的能力，是国家安全体系的重要组成部分。通过动植物检疫等综合性的风险管理措施，可以使一个国家（地区）没有因管制性生物通过出入境口岸进出境而对本国（地区）的生物、人体生命健康、生态系统或生态环境、物种资源、农业生产等产生危险。国门生物安全涉及农林业等生产安全、人身安全、生态安全、经济安全（包括国际贸易）以及社会安全等，是国家安全的重要组成部分，必须坚持以总体国家安全观为统领，筑牢国门生物安全防护网，为改革发展提供坚实的安全保障。

随着我国动物养殖业的发展，进口动物精液、胚胎的需求不断增加。目前，向我国出口动物精液和胚胎的主要国家（地区）有欧盟、澳大利亚、新西兰、加拿大、美国等。由于近年来对优质动物种质资源需求的不断扩大，除以上地区外，还有对乌拉圭、阿根廷、巴西、南非的相关动物精液、胚胎的进口需求。目前，我国还没有动物精液、胚胎的出口贸易。

人工授精的优越性在于可以提高优良种公畜的利用率，加快了优良遗传性状的传递，扩大了传递范围；可以大大减少种公畜的饲养规模，节约饲养成本，减少时间、地域等对动物养殖业发展的限制。胚胎移植极大地提高了优良母畜的繁殖潜力；促进品种改良；使单胎动物生产双胎多胎；长期保存冷冻胚胎，便于运输和保存品种资源；有利于疾病控制和疾病根除计划的实施等。现有研究表明，许多疾病不会通过胚胎移植和人工授精而传播，国际动物繁殖材料或遗传物质的交换和贸易，以胚胎移植方式最为安全，人工授精又比活畜安全得多。同时，人工授精和胚胎移植技术的发展及越来越多的国际贸易产生了进口精液、胚胎与传播疾病的问题。精液中存在着大量的病原微生物，即使人工授精各项操作得当，也无法避免某些疾病的传播。由于人工授精使用稀释精液，这使得精液的应用范围扩大，传播疾病的可能性也就增加；而病原体在冷冻和低温条件下仍能存活，使得传染源长期存在。此外，精液中的病原体可通过人工授精直接植入母畜生殖道引起传播。这些都是对控制精液中病原体传播的不利因素。对实验动物的研究结果表明，有些疾病，特别是病毒病能感染胚胎，并能将病原体传给受体。

本书总结了进口动物精液、胚胎检疫和生物安全管控的实践经验，旨在系统归纳我国进出境动物及其产品检疫方面的管理经验和检疫技术，为广大动物检疫人员和进出口生产贸易单位提供全面有效的技术参考。另外，本书可作为海关业务人员、兽医检疫人员的业务参考书，也可作为相关单位、院校的教学辅导材料。

CONTENTS
目录

第一章
家畜精液胚胎生产贸易概况

CHAPTER 1

应用人工授精技术是当今发展畜牧业的重要措施，其优越性在于可以提高优良种公畜的利用率，加快了优良遗传性状的传递，扩大了传递范围。人工授精为选择理想遗传性能的公畜提供了机会，可以大大减少种公畜的饲养头数，大量节约饲料和管理费用及不受时间、地域和公畜生命的限制。马匹人工授精技术最早是 1870 年由意大利生理学家 Spallamzani 试验成功，19 世纪末俄国人伊万诺夫进行系统性研究并把这项技术发扬光大，20 世纪初俄国人利用这项技术实现本国马产业的突飞猛进，此时日本也开始研究这项技术并陆续取得成功，在以后对中国的技术研究产生一定影响。该项技术最早于 1918 年被介绍进入中国，当时鲁农在《中华农学会丛刊》创刊号上发表了《马匹人工授精技术》一文，系统地介绍了马匹人工授精技术，这篇文章的出现仅比国外技术成功晚 10 年左右。1928 年，李秉权在《农矿公报》第 4 期发表《马匹人工授精之概要》。1936 年，朱先煌在《中华农学会报》第 153 期发表《马匹人工授精术之研究》。我国马匹人工授精技术的早期实践应用始于 1935 年，江苏句容种马场在国内首次开展马匹人工授精试验，由王善政主持，采用的是日本的方法。1940 年，王善政根据试验结果在《畜牧兽医季刊》上发表《人工授精实施之准备及方法》一文。

胚胎移植始于 1890 年，英国剑桥大学 Heape 于 1890 年 4 月首次进行兔受精卵移植并获得成功，该项技术当时并未引起足够的重视。直至 1932 年首例山羊移植成功，此后鼠、绵羊、牛、马、猫、狗等相继移植成功。而胚胎远距离移植成功的记录是兔、绵羊、猪、牛、鼠、马。所谓胚胎移植，是指一头母畜（称为"供体"）发情排卵并经过配种（自然交配或人工授精）后，在一定时间从其生殖道（输卵管或子宫角）取出卵子或胚胎，然后把它们移植到另外一头与供体同时发情排卵，但未经配种的母畜（称为"受体"）的相应部位（输卵管或子宫角），使其妊娠、分娩。胚胎移植的意义在于提高优良母畜的繁殖潜力；促进品种改良；单胎动物生产双胎或多胎；长期保存冷冻胚胎，便于运输和保存品种资源；有利于疾病控制和疾病根除计划的实施等。胚胎远距离移植的成功，为胚胎的国际贸易和交换提供了可能，20 多年来胚胎移植已完全商业化，目前每年有 30 万~40 万枚牛胚胎进行国际贸易。仅北美地区每年就获得 10 万头以上的胚胎移植犊牛，高产奶牛中有 30% 来自胚胎移植，种公牛有近一半来自胚胎移植。目前国际胚胎移植协会（IETS）有 50 多个成员。我国家畜胚胎移植的研究首先在家兔（1973）上获得成功，此后羊、牛、马等相继获得成功。在奶牛胚胎移植方面，1978 年获得成功，1980 年非手术移植成功，1982 年冷冻胚胎移植成功。在畜牧业发达国家，如美国、加拿大、澳大利亚、新西兰以及欧洲一些国家，猪、牛、羊等家畜的人工授精和胚胎移植已经形成产业化，这些发达国家是家畜精液、胚胎的主要输出国。

　　精液、胚胎在低温条件下可长期保存，国外已有使用保存 16~30 年的冻精配种，获得犊牛的事例。在防止动物疫病传播方面，精液、胚胎比活动物传播疫病的风险小。此外，精液、胚胎在长距离运输上也比活动物方便。以上这些优势促使精液、胚胎的国际贸易日益频繁。随着近年来人工授精和胚胎移植技术在我国的广泛应用，我国每年都从国外引进一定数量的家畜精液和胚胎，用于改良国内品种和发展家畜养殖业，上述发达国家是我国进口家畜精液、胚胎的主要贸易国。引进的家畜精液主要是牛精液、猪精液，牛精液的主要输出国为美国、澳大利亚、加拿大，品种以荷斯坦黑白花奶牛为主。进口胚胎的种类包括牛胚胎、绵羊和山羊胚胎，牛胚胎的输出国为美国、加拿大，绵羊和山羊胚胎的输出国为澳大利亚，品种有波尔山羊胚胎、道塞特羊胚胎、Texel 羊胚胎等。另外，我国从加拿大、美国进口体外受精胚胎，用于动物繁育。目前，人工授精和胚胎移植技术已成为动物繁殖和遗传育种的主要手段，在生产实践中得到广泛应用的动物精液和胚胎的种类主要有牛精液、猪精液、小反刍动物（如绵羊、山羊、鹿）精液、牛胚胎、绵羊胚胎、山羊胚胎、马胚胎、猪胚胎等。

第一节
冷冻牛精液

◇

　　1951 年，使用冷冻牛精液进行人工授精诞生了世界上第一头牛犊，牛冷冻精液就开始应用于生产中。近年来随着牛人工授精技术的快速发展，牛精液冷冻保存技术也在不断完善，将牛精液经过特殊处理保存在超低温下，可以有效抑制精子的新陈代谢，延长精子在体外生存时间，从而达到精液长期保存利用的目的。1958 年，我国开始进行精液冷冻保存研究，随后在全国推广，目前以奶牛应用最为广泛，并长期保持进口增长势头。

人工授精技术和精液冷冻技术的发展，极大地提高了种公牛的利用率，减少了种公牛的饲养数量。优秀的种公牛要具备充沛的精力、健壮的体格、优良性状的稳定遗传，并能够产生大量高品质精液。种公牛的生育能力是由遗传因素和环境因素共同决定的，环境因素主要包括营养、健康状况以及饲养管理。饲养管理的科学性和规范性在优秀种公牛培育中发挥着重要作用。种公牛对牛群的发展和改良也起着极其重要的作用，随着精液冷冻保存与人工授精技术的不断发展，不再单一需求精液的数量，转而追求其质量。种公牛的遗传基因决定其后代的生产性状，种公牛的饲养管理影响其精液质量。培育优秀种公牛的目的就是保持其身体健康、性欲旺盛以及较强的繁殖性能。良好的营养水平会刺激影响种公牛的新陈代谢和神经内分泌，促进其睾丸的生长发育和性成熟的提前开始，有助于高质量精液的产生。优秀种公牛的培育必须考虑其品种、类型、年龄等因素制定科学规范的饲养、管理制度，精液的质量和产量直接关系到养殖产业的经济效益。

一、种公牛培育

目前选择良种并判断种公牛遗传稳定性最有效、可靠的方法是依据品种特征、系谱鉴定和后裔测定的综合结果进行筛选。经过严格筛选，自身及亲代的系谱完整、生产性状和繁殖能力俱佳的后备公牛才能成为种公牛。通常优秀种公牛应该具备该品种的体貌特征，体型壮硕、体格健康、骨骼坚实，雄性特征明显，生殖器官发育良好。

种公牛的饲养环境既要干净整洁，还要空气清新、温湿度适宜。恶劣的环境会引起种公牛机体强烈的生理反应，导致其食欲减退、体质渐差、精子顶体破坏严重、畸形精子数目增加、精液品质下降等。种公牛对温度变化较为敏感，高温极易引起其热应激反应，造成其繁殖性能下降。通常在牛舍安装喷淋设备、通风装置等，加强通风换气，维持牛舍温度低于28℃。冬季加强防寒保暖，加铺褥草并提供恒温饮水。

适量运动是保证种公牛身体健康、性欲旺盛、改善精液品质等的先决条件。可设置种公牛休息区，用自然土和干草铺垫地面；设置运动区，加强运动量。适量的运动可加强种公牛的肌肉、韧带、骨骼的健康，促进其肢蹄部的血液循环，防止肢蹄变形，减少患病风险，保证其消化健康、性情温顺、性欲旺盛。

日粮是维持种公牛正常生存和生产性能的基础，其所含营养物质也直接或间接地影响精液品质。首先要确保饲料质量安全，无草绳、铁丝等杂质；其次保证饲料品质优良、营养配比合理，通常根据精、青、粗饲料合理搭配的方式提高日粮的适口性，保证能量、蛋白质、维生素、脂肪及微量元素等营养物质的丰富性。配制日粮时需参考种公牛之间的品种差异、个体差异等实际体况。应根据季节和温度变化，灵活调整营养量。夏季炎热，适当放牧或增加青草饲料减少能量和总干物质摄入量，增加清洁饮用水和洗浴次数。冬季寒冷，适量增加高能量饲料和维生素的摄入量，增加优质的青干草、多汁饲料（如胡萝卜、麦芽等）和发酵饲料（青贮等粗饲料），做好保暖防寒工作。

二、种公牛的防疫管理

常见的公牛疾病有传染性疾病（如口蹄疫、布氏杆菌病等）和非传染性疾病（如肢蹄病、消化系统疾病等）。要经常清除粪便、保持牛舍干燥清洁，定期消毒杀菌、预防病疫。一旦发现种公牛染病，立即停止采精，进行淘汰处理，并对发病牛舍彻底清扫、消毒，连续监控同舍种公牛的健康状况，防止疫情扩散。要时刻关注种公牛的精神状态、饮食情况，根据其实际体况制定科学合理的免疫程序，营造安静舒适且便于防疫的生活环境，做到早发现、早诊断、早治疗。尤其在引进新的种公牛时，要严格执行防疫与检疫工作相关的制度，并为其建立健康档案，隔离饲养45d。最好坚持自繁自养的原则，可有效防止新种公牛引入异地传染病。为保证牛体的干净健康，可通过刷洗促进种公牛的血液循环、新陈代谢，提高其机体的免疫力，降低疾病的发病率。最好安装喷淋设备，定期对牛体进行淋浴、药浴和驱虫工作；每日用温水擦拭种公牛的睾丸和阴囊，并进行按摩，促进血液循环、提高雄性激素的合成；定时观察记录睾丸的发育情况，做好睾丸炎、附睾炎、包皮炎等疾病的预防，确保种公牛的繁殖能力。定期检查、洗护和修整牛蹄，降低蹄部患病率；但要注意采精和运动结束后 1h 内不宜刷洗。

三、生产加工过程

冷冻牛精液是奶牛、兼用牛、肉牛和黄牛的种公牛冷冻精液产品。剂型和剂量主要有：细管（中型 0.5mL，微型 0.25mL）、颗粒（0.1mL±0.01mL）和安瓿（0.5mL）等 3 种。

（一）采精

用于制作冷冻精液（简称冻精）的种公牛，其体型外貌和生产性能，均应合乎本品种的种用公牛特等、一等标准。主力公牛必须进行后裔测定。种公牛必须体质健壮，新引进的公牛，应在隔离场所经过检疫。成年种公牛每周采精两次；每次也可根据具体情况和需要，连续排精两回。采精前，应先用温水清洗公牛阴茎和包皮，然后再用灭菌生理盐水冲洗干净。种公牛的新鲜精液，应符合下列质量标准。不具备其中任何一项者，不得用于制作冻精：

新鲜精液的色泽应呈乳白稍带黄色；

直线前进运动精子（下限）60%；

精子密度每毫升（下限）6.0 亿；

精子畸形率（上限）15%。

（二）精液的稀释

配制冻精用的稀释保护剂，必须用新鲜的双重蒸馏水和卵黄，二级品以上的化学试剂。所用器具，必须达到牛冷冻精液人工授精技术操作规程的标准，保证清洁、无菌。推荐下列配方，作为冻精用稀释保护剂。

细管用：

第一液 蒸馏水 100mL，柠檬酸钠 2.97g，卵黄 10mL。

第二液 取第一液 41.75mL，加入果糖 2.5g，甘油 7mL。

脱脂奶 82mL，卵黄 10mL，甘油 8mL。

颗粒用：

12% 蔗糖液 75mL，卵黄 20mL，甘油 5mL。

2.9% 柠檬酸钠液 73mL，卵黄 20 mL，甘油 7mL。

安瓿用：

可参照以上各种配方酌情使用。

上述各类稀释保护剂，在每 100mL 中，应加青霉素、链霉素各 5 万 ~ 10 万单位。稀释保护剂要现配现用；亦可配后放入 4℃ ~5℃ 冰箱中备用，但不应超过 1 周。精液的稀释比例不作具体规定，但必须保证符合每一剂量（细管、颗粒、安瓿）中，解冻后所含直线前进运动精子数的规定。

（三）降温和平衡（预冷）

稀释后的精液，采用逐渐降温法。在 1h~1.5h 内，使稀释精液的温度降到 4℃~5℃；然后再在同温的恒温容器内平衡 2h~4h。

（四）冷冻

制备冻精的操作室，应符合牛人工授精技术操作规程。冻精的器具要求：细管冻精，应采用与细管配套的器具进行；颗粒冻精，采用聚四氟乙烯板（简称氟板）、铜纱网、尼龙网或铝板均可；安瓿冻精，采用净容量为 0.5mL 的硅酸盐中性玻璃安瓿。以上各种用具，在冻精时，精液容器与液氮面的距离，一般保持 1cm~1.5cm，初冻温度 -80℃ ~ -120℃。

细管精液，不论是用聚乙醇封口、钢珠封口，还是超声波塑料热合，都必须将口封严。颗粒精液，每毫升稀释精液，滴冻（10±1）粒，滴管应事先预冷，操作要准确、规整，每冻完一头公牛精液之后，必须更换滴管、氟板等用具。安瓿精液，用酒精喷灯火焰封口，在制作冻精时，不论是细管、颗粒和安瓿，均应始终注意防止精液湿度回升。每冻完一批（头）精液，应立即放入液氮中泡浸，然后计数，取样检查和包装。

四、质量保障措施

精液在冷冻前，应充分混匀，并检查精子活力。每一剂量的冷冻牛精液要求解冻后呈直线前进运动的精子数：细管每支（下限）1000 万个；颗粒每粒（下限）1200 万个；安瓿每支（下限）1500 万个。解冻后的精子畸形率（上限）20%。解冻后的精子顶体完整率（下限）40%。解冻后的精液无病原性微生物，每毫升中细菌菌落数（上限）1000 个。解冻后的精子存活时间：在 5℃~8℃ 贮存时（下限）为 12h；在 37℃ 贮存时（下限）为 4h。不符合上述各项指标的，不得使用。

（一）精子活力检查

首先制备检样：颗粒冻精，应先取 2.9% 二水柠檬酸钠液 1mL ~

1.5mL，加温到38℃±2℃，投放冻精一粒，轻轻摇荡，使之迅速溶化，用压片法，立即在显微镜下检查；细管、安瓿冻精，解冻后应混匀，用压片法在显微镜下检查。检查用的显微镜载物台温度，应保持在38℃~40℃；也可用显微镜和闭路电视的连接装置，在荧光屏上检查。评定精子活力的显微镜放大倍数，以150~160为宜。每批冻精，应随机取样两份，分别解冻检查。每个样品应观察三个以上的视野，注意不同液层内的精子运动状态，进行全面评定。解冻检查应在冷冻后当时一次（或间隔24h再做一次），合格者贮存。冻精发放前再抽样检查，合格者方准予发放。精子死亡百分率检查，可采用染色法或升温血球计计算法。

（二）精子密度检查

每批冻精应进行密度检查，以确定稀释比例。检查用具以血球计算器为准，用光电比色计或其他电子仪器检查，都必须用血球计算器做出可靠的校正值。

（三）精子畸形率定期抽样检查

取新鲜和解冻后的精液样品，放在载玻片上，按常规方法制成抹片，风干后在显微镜下检查畸形精子数，每个精液样品应观察精子总数500个，计算其中畸形精子百分率。不合格者，不得制作冷冻精液和贮存使用。

（四）顶体完整率检查

解冻后精子顶体完整率的定期抽样检查采用姬姆萨染色法镜检或用干扰相差（湿样品）镜检，每个样品观察精子总数500个。

（五）菌落数检查

冻精中细菌定期检查。取0.2mL解冻后的精液样品，放入血清琼脂平面上，在37℃恒温箱中培养24h，统计出现的菌落数。

（六）精子存活时间定期检查

解冻后的精子存活时间定期检查。细管、安瓿冻精解冻后不再稀释；颗粒冻精以2.9%二水柠檬酸钠液解冻，在5℃~8℃或37℃下贮存，在38℃~40℃下镜检。上述定期抽样检查，每头公牛每月（下限）一次。

五、解冻方法

解冻液配制有以下三种：

配制 2.9%二水柠檬酸钠液，用 2mL 灭菌安瓿封装，解冻液净容量（下限）1.5mL。

蒸馏水 100mL，葡萄糖 3.0g，柠檬酸钠 1.4g。

蒸馏水 100g，柠檬酸钠 1.7g，蔗糖 1.15g，氨苯磺胺 0.3g，磷酸二氢钾 0.325g，碳酸氢钠 0.098g，青霉素、链霉素各 10 万单位。

细管、安瓿冻精，可用 38℃±2℃温水直接浸泡解冻。颗粒冻精，应一次一粒，用 38℃±2℃ 1mL～1.5mL 解冻液解冻；多于两粒时，应分别解冻。细管和安瓿精液（上限）为 1h；颗粒精液（上限）为 2h。如解冻后的精液需要外运时，应采取低温（10℃～15℃）解冻，然后用脱脂棉或多层纱布包裹，外边用塑料袋包好，置于 4℃～5℃下保存。其使用时间（上限）为 8h。

六、包装、标记、贮存和运输

(一) 包装

细管冻精应封闭良好。颗粒冻精必须用无菌容器包装，每一容器以装冻精 50 粒～100 粒为一个单位。安瓿冻精可放在液氮生物容器的提筒中，应防止碰撞。

(二) 标记

细管、安瓿表面和盛装颗粒冻精的容器外面，均应有鲜明的标记。注明公牛品种、名号、精液制冻日期（年、月、日或批号）以及该批冻精的精子活力和份数等。

(三) 贮存

液氮生物容器，应在使用前后彻底检查和清洗。清理时，先用中性洗涤剂刷洗，再用 40℃～45℃温水冲洗干净，在室温下放置 48h 以上再充入液氮。长期贮存冻精的容器，应定期清理和洗刷，容器内液氮必须浸没冻精。应经常检查液氮生物容器的状况，如发现容器异常，应当将冻精转移到其他完好的容器内。用干冰贮存时，应根据贮存容器的大小，及时补充干冰，包装的精液不得外露。取放冻精时，提筒只许提到容器的颈下，严禁提到外边，停留时间（上限）10s。如向另一容器转移冻精时，盛冻精的提筒离开液氮面的时间（上限）5s。取放冻精之后，应及时盖好容器塞，防止液氮蒸发或异物浸入。大型液氮生物容器，应有冻精分类存放位置的详细图表，分别注册，登记清楚，并应备有足够的液氮生物容器，严防不同品种和不同个体公牛的冻精混淆。无继续贮存价值的冻精，应及时妥善销毁。

（四）运输

移动液氮生物容器时，应把握其手柄，轻拿轻放，防止冲撞。贮精和贮液氮的生物容器，均不可横放、叠放或倒置。装车运输时，应在车箱板上加防震胶垫、毡垫或泡沫塑料垫。容器加外套，并根据运输条件，用厚纸箱或木箱装好，牢固地系在车上，严防撞击倾倒。运输冻精时，应有专人负责，办好交接手续（应附带精液运输、交接卡片）。途中应及时检查和补充冷源。用干冰运输冻精时，液氮生物容器必须盖严，干冰必须敷过冻精。

第二节
冷冻牛胚胎

一、供体牛（种公牛和产胚母牛）准备

用于胚胎生产的母牛要求品种优良，符合品种外貌特征，生产性能好。遗传性能稳定，谱系清楚。年龄以 14 月龄至 10 岁为宜。无流产史，产后空怀 90d 以上，有两次以上正常发情周期。体质健壮，生殖器官和繁殖机能正常，无遗传和传染性疾病。种公牛要求谱系清楚，检疫合格，遗传性能稳定，生产性能优良。

种公牛和产胚母牛保持饲养环境卫生、温湿度适宜，避免应激反应。制定合理的日粮配方。满足清洁卫生的饮水需要。超排前 8 周加强饲养管

理，并适量补充维生素 A、维生素 D、维生素 E 和微量元素。

产胚母牛超数排卵，肌肉注射前列腺素（PG）进行同期发情处理：第一次注射在任意一天；第二次注射在第一次注射后第 11 天。第二次注射后 24h~96h 时观察发情。除 PG 法外，还可以采用 CIDR（含孕激素阴道栓）法放入 CIDR 进行同期发情处理。

以母牛自然发情、PG 法发情或放 CIDR 之日作为发情周期第 0 天，在 9d~13d 中的任意一天开始注射促卵泡素（FSH），每天早、晚各注射一次，间隔 12h 连续 4d，递减注射。放 CIDR 的供体，在第八次注射 FSH 之后，取出 CIDR。在第八次注射 FSH 之后，对超数排卵供体牛，每隔 6h 观察一次，每次 0.5h 以上。以母牛稳定站立接受其他牛爬跨或直肠检查作为发情的准确时间。各国超排处理方法见表 1-1。

表1-1 各国超排处理方法一览表

国别	处理时间（发情后天数）	处理方法
英国	9~15	一次肌注孕马血激素 1000~2000 国际单位，48h 后注射 PGF2a 或其类似物（ICI80996）500μg
丹麦	11	一次肌注孕马血激素 2000 国际单位，48h 后注射 PGF2a 或其类似物
加拿大	8~14	一次肌注孕马血激素 2000 国际单位，48h 后注射 PGF2a 25μg~30μg 每天早晚各一次共分 8 次~10 次肌注 FSH，总量 40mg，在 FSH 处理的第 3 天肌注 PGF2a 25μg~30μg
澳大利亚	8~12	一次肌注孕马血激素 1500~3000 国际单位，48h 后注射 PGF2a 25μg，或子宫注入 2mg~5mg
	8~12	连续 4 天，早晚各一次肌注 FSH，每次 4mg~6.25mg，总计量 32mg~50mg，在 FSH 处理的第 3 天肌注 PGF2a 25mg 或子宫注入 2mg~5mg。如用 ICI80996 则为肌注 500μg

续表

国别	处理时间 （发情后天数）	处理方法
美国	9~10	连续 4 天，每天上午下午各肌注一次。剂量为：第 1 天 FSH 5mg+LH 1.25mg，第 2 天 FSH 4mg+LH 1mg，第 3 天 FSH 3mg+ LH 0.75mg，PGF2a 35mg，第 4 天 FSH 2mg + LH 0.75mg，PGF2a 10mg
德国		连续 5 天注射 FSH，每天 2 次，每次 5mg，第 6 天注射前列腺素类似物

二、受体牛管理

（一）受体牛的选择

青年母牛作为受体牛准胎率高于经产母牛。青年母牛作为受体牛的具体标准为：应在 15 月龄以上，体高在 125cm 以上，无传染病，中等膘情，体况良好，体重 300kg 以上。

经产母牛作为受体牛应有两个以上正常的发情周期，应在产后 70d 以上，无繁殖系统疾病，无传染病（特别是布氏杆菌病），身体健康，膘情在七成以上（如按五级膘情分级，应在三至四级为宜）；同时要求产犊性能和泌乳性能良好，无流产、难产史。屡配不孕或胚胎移植两次未孕者不能作为受体牛。

对于预选的受体牛应进行直肠检查，如果查出异性双胎的母牛，先天性无子宫角或子宫颈闭锁、阴道发育不全等的母牛，均不能作为受体牛。

对于新购进的受体牛或配种时间小于 2 个月的牛，无法确定是否怀孕，不应作为受体牛对其用药处理，应饲养 2 个月进行妊检后再决定是否使用，以免因使用药物导致流产，造成不必要的经济损失且影响下一次的利用。

（二）受体牛的饲养管理

1. 引进受体牛后的饲养管理

（1）做好牛的驱虫工作。检查牛有无寄生虫病，同时对牛进行驱虫。可选择伊维菌素、伊维速克等可同时驱除体内外寄生虫的药物，按说明书上的药量和用法用药，间隔 7d~10d 进行第二次驱虫。

（2）做好免疫防疫。隔离观察 15d～20d 后，按牛只的体重或年龄接种口蹄疫疫苗，肌肉注射，间隔 4～6 个月再接种一次。免疫接种疫苗时注意：严格按疫苗的使用说明书规定的方法和剂量进行，严禁使用过期、失效的药物和超剂量用药；免疫注射过程中要做到一畜一针头，防止交叉感染。

（3）创造良好的饲喂环境。由于长途运输、气候和环境等发生变化，牛只会有不同程度的应激反应，引入后 14d 内是应激反应高峰期，若管理不当，牛只很容易出现不同方面的疾病，会延长牛只对新环境的适应期和空怀时间，浪费饲料，增加饲养成本。为此，要掌握牛的饲养管理规律，尽量减少应激反应，使其尽快适应新的环境，要让新引进的牛只有一个安静、清洁的环境，保证充足的饮水，但第一次饮水切忌暴饮，饮水量控制在 15kg 以内，间隔 3h～4h 后改为自由饮水。6h 后开始在运动场补饲干草，第二天再上槽补饲青贮饲料。

（4）抓好牛的膘情。在牛引进最初的 15d 内，饲料尽量与以前的相似，之后要按照牛本身营养需求制订饲喂方案，使牛尽快恢复膘情。同时，饲养人员要尽快摸清每一头牛的习性，提高人畜亲和力，搞好饲养管理。经过大约 3 个月的适应期，受体牛就可进行胚胎移植了。

2. 移植前受体牛的饲养管理

受体牛应单独组群饲养，保持环境相对稳定，避免出现应激反应，设立具有足够空间的运动场，保证牛只必要的运动。合理配制日粮，保证受体牛的正常营养需要量。运动场要设饮水槽，保证足够的新鲜清洁饮水。严禁饲喂发霉变质、冰冻的饲料。受体牛在移植前 6 周～8 周开始补饲，保持日增重 0.3kg～0.4kg。此外，最好移植前 15d 开始每天补饲 1kg 胡萝卜或注射维生素 A、维生素 D、维生素 E 针剂，并补充硒、锌等微量元素。

3. 移植前受体牛的准备

（1）做好受体牛的集中选择，受体牛按照胚胎移植数量的 150% 提供，提前 60d 以上进行检疫和防疫。

（2）受体牛应在 15 月龄以上，中等膘情，体况良好，体重 300kg 以上。受体牛为经产牛应在产后 70d 以上，生殖系统良好，无繁殖和其他疾病。

（3）按照要求进行饲养、驱虫、免疫、抓膘、试情等工作，保证受体牛正常饲养，使受体牛处于良好的营养状态。选中的受体牛须具备耳号、品种和颜色记录。建议每头受体牛打两个相同的耳标，以避免耳标丢失造成胚胎移植犊牛出生后无法查清胚胎系谱档案，给育种工作带来不必要的损失。

（4）在受体牛胚胎移植前后必须严格管理，避免受体牛生病、丢失、死亡等情况出现。

（5）做好日常受体牛的健康保健和发情观察、监测，并按照要求做好记录。

（6）在胚胎移植15d前，按照要求完善胚胎移植场地，包括照明、保温、消毒、操作台、保定架、工作室等相关设施和常规药品，保证胚胎生产和移植顺利进行。

（7）在胚胎移植工作60d前对受体牛做好各项防疫工作，从胚胎移植前60d开始算起，不得对受体牛进行任何（包括疫苗注射等）防疫措施。

三、牛胚胎生产流程

（一）人工授精

产胚母牛外阴部应经过清洗消毒，输精枪应保持无菌。确认发情12h后，进行第一次输精，间隔12h进行第二次输精，每次输精1支~2支，共输精2次~3次。

（二）胚胎采集

供体牛超排发情后7d±0.5d采集胚胎。将供体牛稳定，用2%利多卡因在荐椎和第一尾椎结合处或第一尾椎和第二尾椎结合处进行尾椎硬膜外麻醉，利多卡因用量宜每头5mL。麻醉后将牛尾固定，清除直肠宿便，阴部及外阴清洗消毒。用扩宫棒扩张子宫颈，然后插入宫颈黏液器将黏液抽出，随后把带内芯的冲胚管慢慢插入子宫角，当冲胚管到达子宫角弯曲处，拔出内芯5cm左右，再把冲胚管往子宫角前端推进，至冲胚管到达子宫角前端1/3~1/2处。冲胚管先充一定气体，待确定气囊位置后，再充气至冲胚管固定为宜。抽出冲胚管内芯。连接冲胚管。用50mL注射器每次吸取30mL~40mL冲卵液，夹住三通导管的输出管，将PBS缓冲液从输入管注入子宫角，然后夹住输入管，使回收液从输出管流到集卵杯（500mL容量），反复冲洗，每个子宫角用400mL~500mL的PBS缓冲液。把集卵杯内的回收液放在室温（20℃～25℃）下，用集卵漏斗过滤，最后保留10mL左右液体，倒入100mm培养皿中，进行镜检。两侧子宫角胚胎采集完成后，将气囊空气放出，冲胚管抽至子宫体，注入青霉素、链霉素等抗菌素或预防子宫炎的药物。肌肉注射或宫内输入前列腺素或类似物。

（三）胚胎质量鉴定

超排牛在发情开始后大约24h排卵，48h发生第一次卵裂，72h发育成8细胞。发情后5d（发情当天为0d）胚胎发育为桑椹胚，卵裂球几乎占据整个卵周隙，继续发育成为致密桑椹胚，细胞占据卵周隙60%～70%。发情后7d，囊胚腔形成，细胞占据卵周隙70%～80%。第8d，囊胚腔扩大，内细胞群及滋养层明显，胚胎几乎占据整个卵周隙。发情后9d，胚胎从透明带中孵化出来，胚泡扩展伸长。

把盛有回收液的培养皿放在体视显微镜下，在培养皿底划线分区，逐区检查，检出胚胎放入保存液中保存。国际胚胎移植协会（IETS）将胚胎发育分为9个阶段，即未受精或单细胞胚（1d）、2～16细胞期（2d～5d）、早期桑椹胚（5d～6d）、桑椹胚（6d）、早期囊胚（7d）、囊胚（7d～8d）以及扩展囊胚（8d～9d）、卵化囊胚（9d）、后期囊胚（9d～10d）。胚胎形态学方法进行质量鉴定，可将胚胎依次分为A、B、C、D四级。

A级：透明带完整无缺陷、薄厚均匀，胚龄与发育阶段相一致，卵裂球轮廓清楚，透明度适中，细胞密度大，卵裂球均匀，无游离细胞或很少，变性细胞比例少于10%。

B级：透明带完整无缺陷、薄厚均匀，发育阶段基本符合胚龄，轮廓清楚，明暗度适中或稍暗或稍浅，细胞密度较小，卵裂球较均匀，有小部分游离细胞，变性细胞比例为10%～20%。

C级：透明带完整或有缺陷，轮廓不清楚，色泽过暗或过淡，细胞密度小，突出细胞占一多半，细胞变性率为30%～40%。

D级：透明带完整或有缺陷，胚胎发育停滞、变性、卵裂球少而散，为不可用胚胎。

（四）胚胎封装

A级、B级胚胎冷冻前在保存液洗涤10次～12次。牛胚胎多是每个细管中保存1枚胚胎，如保存多枚，必须来自同一供体。将洗涤后的胚胎放

第一章
家畜精液胚胎生产贸易概况

入冷冻液中，室温下平衡 15min～20min。将平衡后的胚胎装入 0.25mL 细管，装管顺序：冷冻液（约 7cm）→气泡（约 0.5cm）→冷冻液加胚胎（约 2cm）→气泡（约 0.5cm）→冷冻液（约 3cm）（见图 1-1）。

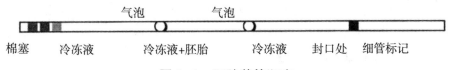

|气泡|气泡|
|棉塞 冷冻液 冷冻液+胚胎 冷冻液 封口处 细管标记|

图 1-1 胚胎装管顺序

乙二醇冷冻液每支细管装 1 枚胚胎，甘油冷冻液每支细管可装 1 枚～5 枚胚胎。在细管塞上标记胚胎信息，包括供体牛号、发育期、数量、质量以及生产日期等。

（五）胚胎冷冻程序

胚胎保存液洗涤 10 次～12 次→10% 甘油保存液或 1.5mol/L 乙二醇保存液平衡 10min～20min 装管→冷冻仪（-5.5℃～-7.0℃）平衡 5min→植冰平衡 5min→以 0.3℃/min～0.6℃/min 的速率下降→-32℃～-35℃平衡 10min→投入液氮。

（六）胚胎保存

存放冷冻胚胎的液氮罐符合《液氮生物容器》（GB/T 5458）规定。将标记后的冷冻胚胎放入液氮中保存。运输过程中应防止液氮泄漏，按时检查液氮状况，及时补充液氮。

第三节
种猪精液

一、种公猪的选择

（一）选择种公猪的总体要求

首先关注的就是种公猪的健康状况。健康的饲养环境会使种公猪的健康状况更有保障，所以在从外部引种时应尽量从口碑和信誉都较好的猪场引进。健康的种公猪也可能不具有良好的生产性能，所以在引种时还应关注所要引进种猪的猪场中是否开展了种公猪生产性能的测定工作。早在2019年国家相关部门就规定各大型种猪场必须开展种猪生产性能测定的工作，以保障其他猪场在引进种猪时挑选出生产性能良好的种猪。

（二）优秀种公猪的个体表现

对种公猪的生产性能进行测定之前，可以通过饲养过程中积累的经验和一些其他的方法来进行初步的判断。如根据种公猪的外貌就可以判断其健康状况是否良好，是否有遗传上的一些缺陷等问题。生产性能良好的种公猪外貌大都表现为肢体结实、有力；睾丸发育良好，包皮内没有明显的尿液积累；种猪的乳头发育良好并排列整齐，没有明显的缺陷等。除了根据外貌进行判断之外，种猪的遗传系谱资料也是非常重要的判断依据，种猪父母生产成绩优秀的，一般会具备良好的生产性能，而生产成绩不太好的父母则很难生出性能优秀的种猪。所以应特别重视种猪的遗传系谱资料，通过查看父母的产仔数量、是否产出过有缺陷的仔猪等都可以进行比较准确的判断。

二、种猪生产性能判断

猪场往往根据种公猪的日增重、饲料转化率、种公猪的背膘厚等指标来进行判断和选择，而这些指标可以通过加权计算而最终形成种公猪的生产性能测定指数。种公猪的生产性能测定指数越大，说明种公猪的生产性能越好。因为这些测定的指标都具有很强的遗传能力，种公猪的这些性能良好，则其生产的仔猪健康状况良好且生产性能强的概率就越高。

种公猪的日增重是指其食用饲料的数量和获取营养相互利用的效率影响的结果，日增重的数值越大，则种公猪的健康状况和生产性能就往往越好。

饲料的转化率则是对一定期间内种公猪每增重一单位所需消耗的饲料量进行测定的结果，在整个饲养的过程中，饲料成本在所有养殖成本中占相当大的一部分。饲料转化率数值越小，表明其对饲料的利用程度越高，在整个养殖过程中节省较多的饲料，给猪场带来更多的经济利益。同时，饲料转化率还能遗传给下一代，使下一代也能具有较高的饲料转化率。

背膘厚是指种公猪达到一定体重时通过 B 超测定的皮下脂肪的厚度，该指标的数值越大就表明种公猪体内的脂肪含量越多，一般的猪场可选择数值小的种猪，而种猪场则应选择数值稍大的种猪。因为种猪在生产后需要身体内的能量来补充身体所需，可防止种猪过度消瘦导致营养不良和抵抗力下降。

（一）满足蛋白质和氨基酸的需求

蛋白质和氨基酸是精液和精子的物质基础。蛋白质对种公猪精液量和质量有重要影响，一般公猪每次配种射精量为 350mL 左右，蛋白质约为 3.7%，所以种公猪日粮中必须含有优质的蛋白质饲料。

成年公猪或非配种公猪日粮中需含 12% 蛋白质，配种公猪日粮中需含 14% 蛋白质。日粮中可通过添加鱼粉、血粉或豆饼等物质补充蛋白质。氨基酸对公猪的性欲及产生的精子数量、质量有重大影响。其中赖氨酸的合理供给量为 6.5g/kg~6.8g/kg 日粮，如果日粮氨基酸量低于 2.5g/kg，在 7 周内公猪产生的精子数量和质量都会受到严重的影响。但是赖氨酸量在 6.8g/kg~12.0g/kg 日粮内，也不能进一步提高公猪的性欲及产生的精子数量、质量。苏氨酸合理供给量为 2.7g/kg 日粮，但其需要随着公猪年龄及时作出调整。

蛋白质和氨基酸摄入过量会引起血液尿素的浓度升高，血液尿素浓度升高则会引起公猪精子畸形率的升高。因此为了使公猪保持良好的繁殖状态，给予合理的营养成分十分重要。

（二）满足维生素的需求

如日粮中缺乏维生素 A、维生素 D 和维生素 E 等，会导致种公猪睾丸退化萎缩，性欲降低，丧失繁殖能力。维生素 A 能抑制公猪生殖器官上皮细胞角质化，长期缺乏维生素 A 会导致公猪性反射降低，生育能力下降，严重影响精液品质。

可通过饲喂适量的黄绿蔬菜补充维生素 A，如胡萝卜、南瓜和空心菜等。维生素 D 能促进小肠对钙磷的吸收，促进机体生长和骨骼钙化，并能防止氨基酸通过肾脏损失，对精液品质有间接影响。

可利用休闲时间让公猪每天沐浴阳光 1h~2h，通过获取阳光中的紫外线来制造维生素 D_3，机体再把维生素 D_3 转化为活性维生素 D。

维生素 E 与公猪生殖机能有着密切的联系，日粮中添加适宜的维生素 E 有助于提高公猪采精量、精子存活率及精子密度，改善精液品质，建议日粮中维生素 E 的含量以 40IU/kg 为宜。

（三）满足矿物质的需求

钙和磷在种公猪的矿物质营养需求中最重要，良好的骨化过程对钙磷的需要比生长对钙磷的需要更大，公猪钙和磷缺乏时，会导致腿骨的结构不理想，进而致使性欲降低和精液质量下降，甚至会导致性腺发生病理性变化，从而导致精子畸形率上升和活力降低，建议种公猪日粮中钙和磷的比例以 1.5：1 为宜，且食盐要充足，即日粮中钙 15g/kg、磷 10g/kg、食盐 10g/kg。

硒缺乏对种公猪的影响是多方面的，首先影响公猪睾丸发育和精子的形成，精子原生质滴发生率高，精子浓度降低，活力不强，最终影响母猪的受胎率。

锌与精子的稳定性密切相关，是多种酶的组成成分或激活剂，缺锌会阻碍公猪的精子生成，对性器官的原发性和继发性发育将产生不利影响，且在早期会出现睾丸萎缩，最终造成促睾丸素排放减慢、睾丸素形成减少。

日粮中可添加适量石粉、骨粉等相关矿物质，以满足种公猪配种的营养所需。

（四）供给适当的纤维

日粮中添加适当的纤维素可以增加公猪的饱腹感，帮助改变消化道内微生物数量，促进消化，减少消化道损伤，对保证公猪健康和旺盛精力具有重要意义，且纤维素对固醇类激素的调控也能发挥重大作用，这类激素可能对繁殖性能发挥作用。

三、生产加工流程

（一）精液采集

冷冻精液在制作前应采集新鲜种公猪的精液，种公猪应选择经过鉴定并列入正式名录的优质种公猪，在采集中一定要做到安全登记，采集人员应进行严格的卫生消毒，佩戴一次性手套，要采集种公猪射精中段的新鲜精液，通常为 75mL～125mL，前后两段的射精应舍弃。整个采集过程一定要严格操作，明确最佳的采集频率，科学利用种公猪，确保精液品质优良。

（二）精子质量检测

对于首次采集的新鲜精液，需要进行认真细致的精液质量检测，检测精子的活力、精子的密度，精子的畸形率。用于制作冷冻精液的新鲜精液比常规的精液质量要高，通常精子活率应该不小于 80%，精子密度不小于 1 亿个/mL 精子，畸形率不大于 10%。

（三）试剂配制

按照相关要求配置精液稀释液，基础液放置在 4℃ 冰箱中，保存使用前预热，在稀释液基础液中按比例添加 20% 的卵黄和 0.5% 的 EquexSTM，即为稀释液-1，然后将稀释液经 1900g、15min 离心后，取上层清液加入 4% 的甘油得到稀释液-2。

（四）精液处理

取 15mL～20mL 的新鲜精液，加入 50mL 的离心管中，再加入等量的洗涤液，5min 离心处理，舍弃上层清液。采用二次稀释法，将稀释液-1 缓慢地加入经上述处理的精液中，等温稀释、充分混合均匀后，连同稀释液-2 放入装有 600mL 水、温度在 30℃ 左右的大烧杯中，放入 4℃ 冰箱保存，大烧杯的底部添加冰袋辅助降温。作用 1h 后，向水域中加入 50mL 的冰袋，使其缓慢下降，温度 3℃～4℃，整个过程约 1.5h，降温速率控制为 0.289℃/min。

（五）吸管灌装

精液 4℃ 环境下平衡处理完毕后加入稀释液稀释 1 倍，确保精子密度达到 1 亿个/mL。加入稀释液后混合均匀，立即在低温环境下进行吸管灌装，每个吸管灌装精液 0.5mL，并进行喷码操作。

（六）冷冻处理

在精液灌装时同时开启冷冻仪，将冷冻室中的温度控制为 4℃～5℃，温度稳定后，打开冷冻盖子，迅速将精液放置在冷冻仓中开始冷冻处理。冷冻好的细管冻精应迅速放置在盛有液氮的泡沫箱中，液氮深度应没过细管冻精。要注意将同一批次的吸管冻精放置在同一个泡沫箱中，避免混淆。精液冷冻后，需要对每个批次的精液进行严格的检测。

（七）保存

经过检测合格的冷冻精液应分装到无菌的纱布袋中，并对每一批次的冷冻精液的详细信息进行认真细致的核对。同一纱布袋中不能分装不同型号、不同批次的冷冻精液。分装完毕后应对每个纱布袋进行认真细致的登记并张贴好标签。分装好的冷冻精液应该浸润在液氮罐中，且应保证完全浸没在液氮中，定期检查液氮的流失情况，并及时补充。

四、常温猪精液采集

（一）常温猪精液

精液应来源于具有种用价值，体型外貌和生产性能符合种用要求、三代系谱资料齐全、体质健康的种猪。

外观：乳白色，无脓性分泌物，无皮毛等异物。

采精量：≥100mL。

精子密度：≥1亿个/mL。

精子活力：≥70%。

精子畸形率：≤20%。

（二）常温精液产品

外观：乳白色，无杂质，包装封口严密。

剂量：地方品种40mL~50mL，其他80mL~100mL。

精子活力：≥60%。

每剂量中直线前进运动精子数：地方品种≥10亿个，其他≥25亿个。

精子畸形率：≤20%。

有效期：≥72h。

（三）抽样

生产方抽样：

按照《计数抽样检验程序 第2部分：按极限质量（LQ）检索的孤立批检验抽样方案》（GB/T 2828.2）采用极限质量（LQ）=8，孤立批模式A抽样。

监督抽样：

按照《不合格品百分数的计数标准型一次抽样检验程序及抽样表》（GB/T 13262—2008）和《不合格品百分数的小批计数抽样检验程序及抽样表》（GB/T 13264—2008）监督种猪常温精液产品。

抽样方法：

1. 确定样品数，按种猪号（或批次号）顺序排列，由抽样人员现场按样本头数随机确定种猪常温精液样品数。

2. 取样量，对确定取样的种猪（或批次），从其精液贮藏容器中随机抽取两个剂量种猪常温精液。

（四）样品贮存、运输

样品贮存、运输应符合相关要求。

（五）样品检验时间

样品检验应在有效期内完成。

（六）检验方法

1. 常温精液

外观用目测法，其结果应符合相关要求，剂量、活力、直线前进运动精子数、精子畸形率的检验按规定的方法，其结果应分别符合相关要求。

2. 检验分类

（1）常规检验

常规检验是型式检验的一部分，即单项目检验，主要是在生产批入库前和销售前的检验。

（2）型式检验

型式检验是评定产品质量是否符合标准的检验，即全部项目检验，在生产方抽样检验、监督抽样检验和复查、仲裁检验时所选定项的检验。

以上两种检验方法的检验项目和检验周期见表1-2。

表1-2 检验项目、检验周期

检验类型	检验项目	检验周期
常规检验	外观、活力	每生产批入库、出库
型式检验	外观、活力、剂量、直线前进运动精子数、精子畸形率	生产方为质量保证每两周为一抽检周期，在周期内对该群种猪常温精液质量水平进行一次抽检

（七）判定规则

1. 常规检验

样品中任何一项目检验未达到规定要求的，判为不合格。

2. 型式检验

样品中任何一项目检验未达到规定要求的，判为不合格。

3. 抽样检验对群体质量水平的评定

（1）生产方检验

引用《计数抽样检验程序 第1部分：按接收质量限（AQL）检索的逐批检验抽样计划》（GB/T 2828.1）：Ac-接收数，Re-拒收数，d-不合格品数。

按照《计数抽样检验程序 第2部分：按极限质量（LQ）检索的孤立批检验抽样方案》（GB/T 2828.2）：通过对样本检验，若样本中不合格品数 d≤Ac，则判可接收；样本中不合格品数 d≥Re，则判不可接收。

（2）监督检验

按照《不合格品百分数的计数标准型一次抽样检验程序及抽样表》（GB/T 13262—2008）和《不合格品百分数的小批计数抽样检验程序及抽样表》（GB/T 13264—2008）：在样本中 d<r（不通过判定数），则判为可通过；d≥r，则判为不可通过。

（八）标志、包装、贮存、运输

1. 标志

标明产品名称、剂量、生产单位、生产日期、批号、品种或类型、耳号、有效期和贮存温度。

2. 包装

采用袋装、瓶装或管装，包装用袋、瓶或管应选用对精子无毒害作用且灭菌的一次性塑料制品。

3. 贮存

置于16℃~18℃恒温箱内保存。每天摇动2次~4次。

4. 运输

置于16℃~18℃的运输箱内运输。运输过程中避免强烈震动和碰撞。

第四节
冷冻马精液

一、饲养

在马的饲养工作中，所使用的日粮需要使用精饲料、粗饲料、矿物质饲料同青绿多汁饲料进行合理的配合，在保证能够满足营养需求的同时，对种公马嗜好以及饲料的适口性进行充分的考虑。粗饲料方面，需要是高质量的干草。其中，豆科和禾本科的混合干草是最为适合的材料，在混合干草当中，豆科干草的比重需要控制在三分之一至二分之一之间。在配种期，需要尽早对种马提供青绿多汁饲料，包括野菜、野草以及牧草等，这部分饲料对精子的生成具有有利的效果，且能够使精子具有更高的活力，具有较强的适口性。而在放牧期，则可以使用刈草代替一半的干草喂量，并可以逐渐加大比重，至全部的干草喂量。如果在早春时节没有青绿饲料，则可以给种马喂服一定的胡萝卜。精饲料选择要充分按照因地制宜的原则进行，在杂粮区域可以选择谷类，及部分具有较强适口性、对精液形成具有良好作用的饲料，如玉米、油饼以及高粱等。在配种期，需要对种马做好食盐等矿物质饲料、骨肉粉等动物性饲料以及鸡蛋的喂服。

二、管理

除了做好日常的饲养工作，为了使种马一直保持良好的状态，做好日常的管理也十分关键。在早晚期间，需要尽可能在厩外停留，而在夏季中午时，则需要将种马驱赶到厩内休息。在配种期，要做好种马生殖器官的清洁工作，避免出现炎症等问题。在清洁当中，要使用冷水做好种马睾丸的擦拭，这对于精子活力增强、精子生成等都具有积极的作用。如天气较为炎热，则可以对种马进行洗浴，这对于种马的机体代谢以及防暑降温都具有十分重要的意义。在配种期，也需要做好运动控制，保证运动具有平衡的特点，避免出现忽轻忽重的情况，不能跑步。对于乘用马，每天运动2h左右，行进距离控制为15km位移。役用马每天运动2.5h左右，挽力40kg拉犁约行进10km，在该方式中，通过对运动量的适度把握，也能够起到较好的运动效果。通常来说，种马的运动速度、运动量等，也需要根据实际利用情况、个体特征以及日粮情况进行适当的控制。具体来说，保证在运动完成后膀部、耳根位置稍稍出汗为宜。

根据实践，通过采精、日粮、运动这几种方式的密切结合，能够在对公马充分利用的基础上，实现其种马潜力的发挥；通过运动、利用与营养这几者间关系的科学平衡保持种马一直具有良好的体况。同时，需要结合实际制定采精制度，并在制定完成后严格落实。

三、体检防疫

对于种马，要定期做好体检工作，以此确定其状态的健康与否。在养殖中，要选择体质健壮、膘情适宜的种马配种，加强蹄部检查，看是否平整，如果蹄部存在过长或者不平整的情况，需要及时修蹄，如果蹄弱，则需要做好微量元素、维生素以及钙的补充，保证能够满足配种要求。要对是否患有寄生虫病进行检查，如果存在病症，则可以用0.1浓度的除癞灵向种马的体表位置喷洒，同时应用丙硫苯咪唑在体内进行驱虫，并对是否存在区域性疾病进行检查。需要定期检查种马的精液品质，每星期检查2次，同时做好对应的记录工作。

四、采精

保证种马机体健康，使精液在使用时间、品质等方面能够较好地满足要求。在采精时，每天需要对采精次数进行合理的安排，避免出现次数过多的情况。对于种马来说，在正式配种 1 个月以前，即需要进行采精，同时做好精液品质的检查。在采精工作开始时，第一个星期可以进行 1 次采精，第二个星期采精 2 次，之后每隔 2d 采精 1 次。而在实际配种时，每天通常采精 1 次~2 次，在此过程中，要做好频率的控制，要进行定时的采精，如一天采精 2 次，保证间隔时间在 8h 以上，在连续 5d~6d 采精后，即需要进行 1d 的休息。在此过程当中，需要对种马的标号进行记录，同时记录采精次数、采精量、精液品质以及授精母马的数量等，建立详细的档案，以更好地鉴定生产出的后代。此外，该过程的实施，也能够为种马价值、质量的确定提供重要依据。

五、精液处理

（一）精液检查

良好的原精外观为乳白色，无异味。在品质检查方面，包括精子形态与活力，在对精子活力观察时，将一滴生理盐水滴在玻片上，之后蘸取一滴原精液，将其滴在载玻片一角位置，保证能够同盐水发生充分的混合，在混合后，要保证在混合物当中看到单个处于运动状态的精子。如果混合液浓度过高而无法对运动精子进行观察则要重新操作一次，做好精液用量控制，使用肉眼对运动精子的数量进行评估。

通常来说，种马精子中活力细胞只有在 30% 以上，才能够应用在配种当中，如在 70% 以上，等级则为优秀。对精子形态观察时，要保证数量在 100 个精细胞以上，对其中正常精子的比例进行计算。将原精用特制过滤纸或 4 层纱布过滤除去胶质，如有条件将采集的精液分装于 10mL 的离心管内，放入 1500r/min 离心机内离心 5min~10min。用吸管吸出上清液，留下密度较大的精液对其进行镜检，原精活力 0.65 以上，密度 1.2 亿个/mL以上即可使用。

（二）原精稀释

将精液与稀释液同时置于 30℃ 左右的恒温箱或水浴锅内，进行短暂的同温处理。稀释时将稀释液沿器皿壁缓慢加入，并轻轻摇动，使之混合均匀。先按 1∶1 的比例进行稀释后，进行第 2 次镜检，如密度仍然较大，可进行 2 次稀释，稀释完毕后，再进行活力、密度检查。经稀释后的精液取样在 38℃~40℃ 下镜检活力不应低于原精，稀释液配方如下。

基础Ⅰ液：蒸馏水 100mL，蔗糖 10g，溶解后消毒。

基础Ⅱ液：取基础Ⅰ液 90mL，卵黄 5mL，甘油 5mL，青霉素 1000IU，双氢链霉素 1000IU，此配方适合用于颗粒冻精的制作。

制备 100mL 稀释液：蒸馏水 68mL，三羟甲基氨基甲烷 2.4g，柠檬酸 1.3g，葡萄糖 1.2g，甘油 5mL，卵黄 20mL，青霉素 1000IU，双氢链霉素 1000μg/mL，此配方用于制作细管冻精效果较好。

（三）平衡与冷冻

将稀释的精液在室温放置 1h 后，放入冰箱内在 4℃~5℃ 平衡 2h。

制作颗粒冻精，筛网高度距液氮面 1cm~2cm，预冷数分钟，使网面温度保持在 −80℃~−120℃。用吸管定量且均匀滴冻，每粒 0.1mL。停留 2min~4min 后颗粒颜色变白时，将颗粒冻精全部放入液氮内。取出 2 粒解冻，检查精子活率，活率达到 35% 以上为合格产品。放入液氮罐中贮存。

制作细管冻精，将用细管分装机分装完的细管放在距液氮面 2cm~2.5cm 的筛网上静置 6min。待精液冻结后，移入液氮中，取 2 支解冻检查精子活率，活率达到 35% 以上为合格产品。装袋，贮存于液氮罐内。

六、解冻方式

解冻液成分和解冻方式都直接影响精子解冻后的活率，这是使用冷冻精液不可忽视的环节。

解冻颗粒冻精，将 1mL 解冻液装入灭菌试管内，置于 40℃ 水浴中。当解冻液温度达到 40℃ 时，投入 1 粒冻精，摇动至融化，取出即可使用。

解冻细管冻精，细管精液可直接放入 38℃±2℃ 温水中摇动至全部融化即可。细管冷冻精液，因冷冻和解冻时冻精内外温度一致，因而活力较颗粒冷冻精液好。

第五节
冷冻羊精液

一、种公羊的选择

要根据生产需要或杂交利用的目的进行品种选择，所选择的品种要与母本品种有较高的配合力；对本地的自然环境以及饲料具有良好的适应性。种公羊要求品种特征明显，经鉴定后应为特级或一级的羊，其体质结实，结构匀称，头宽而较短，眼大有神，颈部粗短，前胸发育良好，胸宽而深，后躯较丰满，腰部强有力，四肢端正而粗壮，睾丸大小适中而匀称。其本身可度量的体尺、体重、毛色、羊毛及羊绒品质和产量等项主要指标，应符合该品种标准。分散养羊户可以只养母羊，种公羊由专门配种户饲养，但规模较大的养羊户及种羊场必须自备种公羊。对成年公羊要严格选择，除观察其体型外貌是否符合要求外，还应了解其配种能力的强弱和性欲是否旺盛或有无缺陷，如隐睾、单睾、精液品质不良或有顶人恶习等。从自家羊场选留幼龄公羊时，要看其生长发育情况、是否来自多胎羊、考查其父母的生产成绩，最好从第二、第三胎中选留，要留有足够数量。当种公羊参加配种时，应进行 1 次后裔鉴定，即待其产生后代之后，还应对其后代的生产性能进行鉴定，对后代品质较差的公羊要及时淘汰。自群选留的公羊一定要防止近亲交配，即不得与与该羊有近亲血缘关系的母羊交配，以防止近交衰退。

二、种公羊的饲养

种公羊在饲养上要求很高。对种公羊所喂的饲料，应力求多样化，互相搭配，以便营养价值完全，容易消化，适口性好。好的粗饲料有优良青干草、苜蓿干草和青燕麦干草等。好的青饲料有燕麦、大麦、豌豆、黑豆、玉米、高粱等。好的多汁饲料有胡萝卜、饲料萝卜、马铃薯、青贮玉米等。应根据当地情况，有目的、有针对性地选用。

（一）配种期的饲养

种公羊 1 次射精，每毫升所需养分，约相当于可消化粗蛋白质 50g，因此每天必须增补精料和蛋白质。实践证明，只有保证蛋白质的充分供应，才能使种公羊性欲旺盛，精子密度大，母羊受胎率高。为此，应从配种预备期（配种前 1~1.5 个月）开始补喂精料，喂量为配种期标准的 60%~70%，然后逐渐增加到配种期的饲养标准。配种时期，体重 80kg~90kg 的种公羊，大约每天需要 250g 以上的可消化粗蛋白质，并且随日采精次数的多少，而相应调整标准喂量及其他特需饲料（牛奶、鸡蛋等）。日粮定额一般可按混合精料 1.2kg~1.4kg，青干草 2kg，胡萝卜 0.5kg~1.5kg，食盐 15g~20g，骨粉 5g~10g 的标准饲喂。燕麦是配种期中的最好饲料；黍米可改善性腺活动，可提高精液品质；谷类豆饼与麸皮混合喂饲，比单喂更能促进精子的形成。维生素 E 对公羊性活动有较大的影响，其给量至少应比母羊提高 50%。为进一步提高公羊的射精量和精液品质，可在配种前 1 个月，在饲料中添加二氢吡啶 100g/t，1 次喂给，直至配种结束。

（二）非配种期的饲养

配种期结束后进入非配种期，要注意恢复体力，除应供给足够的热能外，还应注意蛋白质、矿物质和维生素的充分供给。对体重 80kg~90kg 的公羊，在冬季和早春时期，每天一般需要 150g 左右的可消化蛋白质，补给混合精料 0.5kg，干草 3kg，胡萝卜 0.5kg，食盐 5g~10g，骨粉 5g。夏秋季节以放牧为主，另补混合精料 0.5kg，配种结束后，鸡蛋、牛奶可停止喂给。采精前 1~1.5 个月应加强饲养管理，提高营养标准，每天每只供给 0.8kg~1.2kg 混合精料。若采精次数多，每天再补喂 2~3 个鸡蛋。

应进行驱虫、修蹄，每天进行刷拭和运动，每周进行 2 次~4 次采精训练。在使用前需排精 15 次~20 次，对每次采得的精液都应进行品质检查。如果公羊为初次参加采精，在采精前 1 个月左右要有计划地对公羊进行调教。

三、种公羊的管理

（一）种公羊的调教

对初次参加配种的种公羊采精时，在配种前 1 个月左右，应有计划地调教。公羊和发情母羊放在同一圈里，把发情母羊的阴道分泌物抹在公羊鼻尖上刺激性欲，早晚各按摩 1 次睾丸，每次 10 min 左右，别的公羊配种或采精时让其在旁边"观摩"。

（二）种公羊的采精

选择与公羊个体大小相似的发情母羊作为台羊，把种公羊牵到采精现场后，不要使它立即爬跨母羊，挡几次后再让其爬跨，使公羊性欲更旺盛。这时，采精人员用右手握住已准备好的假阴道后端，固定好集精杯，并将气嘴活塞朝下，蹲在母羊的右后侧，让假阴道靠近母羊的臀部和地面呈 35°~45° 的夹角。当公羊爬跨到母羊的背上伸出阴茎时，采精人员应迅速将公羊的阴茎导入假阴道内使假阴道与阴茎呈一条直线，切忌用手抓碰阴茎。当公羊后躯急速向前用力一冲时，即完成射精，此时随着公羊从母羊身上跳下，顺着公羊动作向后移下假阴道，立即竖立，集精杯一端向下，然后打开活塞下的气嘴，放出空气，取下集精杯，用盖盖好送精液处理室检查处理。公羊经过这样反复训练，以后用不发情的母羊和人工台羊，都可以顺利采出精液。

（三）种公羊的运动

应保持种公羊有足够的运动，为保证种公羊体力、精力，在配种前 2h 运动 40min~50min，路程 2km~3km，每天运动 1 次。配种后自由运动，运动应选择地势平坦、道路较宽的地点。在运动过程中，不要抽打、恐吓，以免受到惊吓，影响精液品质。

四、生产流程

（一）采精频率

为了保证种公羊的精液品质，延长采精年限，采精频率要适度。种公羊配种前 1~1.5 个月开始采精，同时检查精液品质。开始 1 周采精 1 次，以后增加到 1 周 2 次，到配种时每天可采 1 次~2 次，不要连续采精。对 1.5 岁的种公羊，1 天内采精不宜超过 2 次，2.5 岁种公羊每天可采精 3 次~4 次。如果采精次数多，其间要有一定的休息时间，公羊在采精前不宜喂得过饱。种公羊的精液好坏与饲养管理、运动和采精制度是否合理关系很大。只有体质健康才能保证性欲旺盛，精液品质良好。因此，要经常保持种公羊的良好体况。种公羊营养不均衡所造成的过肥、过瘦，后驱无力都会影响采精质量。同时做好畜体和台畜的卫生，定期检疫。每隔半月或一个月用无菌生理盐水加抗生素冲洗公羊的阴茎和包皮，保持局部清洁。

要有固定的采精场所，以便使种公羊建立交配的条件反射，如果在露天采精，则采精的场地应当避风、平坦，并且要防止尘土飞扬。采精时应保持环境安静。室内附设喷洒消毒和紫外线照射杀菌设备，每周消毒 1 次。找 1 只健康的、体格大小与公羊相似的发情母羊做台羊。采精时，先将台羊固定在采精架上。台畜的后驱，特别是尾根、外阴、肛门等部位应洗涤，擦干保持清洁。将各种器械提前消毒、杀菌。假阴道在使用前要洗涤，安装内胎，消毒，晾干，注水，涂润滑剂，调节温度和压力。注入相当于假阴道内外壳间容积二分之一至三分之二的温水来维持内部温度，水温 50℃~55℃，以采精时假阴道温度达 40℃~42℃为目的。注入水和空气来调节压力，应以充气后内胎外口呈现内三角且不凸出为佳。用消毒的液体石蜡或凡士林涂抹假阴道表面增加润滑度，其涂抹度以假阴道长度的二分之一为宜。

采精公羊的羊体保持清洁，采精前须用温水冲洗阴茎、包皮，剪掉过长的阴毛。然后再用灭菌生理盐水冲洗干净。根据种公羊的年龄，体况和季节等影响采集因素，合理安排采精频率，1.5 岁以后的育成羊，其活重达到成年羊体重的 60%~70%时可以开始繁殖配种。24 月龄以上的成年公羊每天采精 2 次，每次射精 2 次，每次采精时隔 40min 以上。每 6d~7d 休息一次。

（二）精液检查

1. 外观

羊的正常精液呈乳白色或乳黄色。肉眼观察新采的公羊精液，可以看到由精子活动所引起的翻腾滚动极似云雾状。精子的密度越大，活力越强者，其云雾状越明显。

2. 精子活力

采精后，用滴管搅匀并从中取一滴滴在载玻片上进行镜检，同时利用密度仪测密度，对活力大于等于70%（0.7）的精液进行稀释。显微镜恒温台或保温箱温度不得低于30℃，室温不得低于18℃。

（三）精液稀释

精液应在30℃条件下做稀释处理。在稀释过程中防止温度突然升降，若迅速降温到10℃以下时，可能出现冷休克。采精后及时稀释，未经稀释的精液存活时间很短。稀释时，稀释液与精液的温度必须调整一致。稀释液沿瓶壁缓缓倒入，不要将精液倒入稀释液中。稀释后将精液容器轻轻转动，混合均匀，避免强烈振荡。如果做高倍稀释，应分次进行，避免精子所处环境剧烈变化。精液稀释后立即进行镜检，如果活力下降，则说明操作不当。

（四）细管包装

塑装前，将精液摇匀后再缓慢倒入锥形瓶中，精液倒入不要过快以免对精子造成损伤。检查羊号和日期再灌装，封口。检查封口是否完整无误，灌装完计数过程中发现空管或没吸满的要挑出废弃，在分装时不要与精液接触时间太长，以免精液温度回升。

（五）降温平衡和冷冻

稀释后的精液，采用逐渐降温法。在1h~1.5h内，使稀释精液的温度降到4℃~5℃；然后再在同温的恒温容器内平衡2h~4h。平衡、封装后的细管精液要分开码放，两只羊的要隔开一些距离，以免混淆。冷冻以保持最佳冷冻曲线完成冷冻过程，确保冻精质量。精液冷冻过程中要求温度必须直线下降，不得回升。特别是避免进入精子冷冻-15℃~-50℃的危险温区，该温区会使精细胞内出现冰晶而造成精子死亡。

（六）冷冻后活力检测

解冻后在37℃环境下前进运动精子占总精子数的百分率为精子活力。羊冷冻精液的前进运动精子数是评价冻精产品质量的一项重要指标。该项指标不仅与受胎率有关，而且关系到冻精产量及优秀种公羊遗传资源的利用率。因此，参照《羊冷冻精液生产技术规程》（NY/T 3186—2018），精子活力应大于等于 30%。

解冻温度如同精液冷冻一样，冷冻精液在解冻过程中同样也要顺利通过危险区，不会对精子造成冰晶损伤，目前常用解冻温度为 38℃左右，解冻 10s 即可。用纸将解冻后的精液细管擦干，将精液滴在载玻片上进行镜检，经检查合格的入库保存，不合格的废弃。解冻后精子活力应保持在 35%以上。

（七）保存

冻结的细管精液，抽样样品经解冻检查合格后，按品种、编号、采精日期、型号标记、包装，转入液氮罐，贮存备用。冻精应贮存于液氮罐的液氮中，贮存冻精的低温容器应符合《液氮生物容器》（GB/T 5458）标准规定。设专人保管，每周定时加一次液氮，保证冻精始终浸在液氮中。每只公羊的冻精应单独贮存。贮存冻精的容器每年至少清洗一次并更换新鲜液氮。

第六节
冷冻羊胚胎

————◇————

一、羊胚胎生产流程

（一）供体羊的准备

供体公羊选择具有种用价值，体质健康无疫病的公羊。供体母羊选择生殖机能正常，体质健康无疫病的母羊。做到科学饲喂，适当运动，保证中等膘情，在本交前不宜喂得过饱。供体母羊超数排卵开始处理时间，应在诱导发情的第 9d 进行。

超数排卵方法：促卵泡素（FSH）多次注射法。首先放置阴道栓塞，以放置阴道栓塞为发情周期第 0d，从第 9d 开始，每天上午、下午间隔 12h 采用逐渐减量的方法肌注促卵泡素，连续注射 4d，注射第 6 针促卵泡素时同时注射氯前列烯醇（PG）0.2mg，在注射第 7 针促卵泡素时取出阴道栓塞。剂量：促卵泡素药用剂量依据供体母羊体重增减。

（二）发情鉴定及配种

在第 12d 下午注射最后一针促卵泡素时，即对供体母羊进行发情鉴定，用试情公羊进行试情，每 20 只供体母羊放 1 只试情公羊，以供体母羊站立接受爬跨并完成本交过程为止，间隔 8h~12h 再配种 1 次，连续配种 2 次~3 次，同时，对供体母羊每次配种结束后注射促黄体素释放激素 A3（促排3 号）20μg 和维生素 ADE 3mL，做好标记与记录。

（三）胚胎采集

配种后的第 7d 从子宫回收胚胎，胚胎采集要在专门的手术室内进行。手术室要求洁净明亮，光线充足，面积宜大于 15m² 以便于操作。配备照明用电，室内温度保持在 20℃~25℃，手术前用紫外灯照射 1h~2h。供体羊手术前停食 12h，供给适量饮水。

术者剪短指甲，用指刷、肥皂水清洁，并进行消毒，术者需穿清洁手术服，戴工作帽和口罩。供体羊仰放在手术保定架上，四肢固定，通过肌肉注射药物进行全身麻醉处理。手术部位在乳房前腹中线与后肢股内侧的交汇处。经剃毛和清水清洗手术部位后，涂以 2% 的碘酒做消毒处理，待干后再用 75% 的酒精棉脱碘，盖上创伤巾。避开血管，在手术部位纵向切开 5cm~8cm 长的切口，切口方向与组织走向尽量一致，肌肉切开采用钝性分离。切开后，在与骨盆腔交界的前后位置触摸子宫角，摸到后用二指夹持，引出子宫角、输卵管、卵巢。记录左右卵巢表面的卵泡数和黄体数。

用尖嘴镊子在子宫体扎孔，将冲卵管插入，使气球在子宫角分叉处，并注入空气，使气球膨胀，冲卵管外接集卵杯。滞留针从子宫角尖端插入，当确认针头在管腔时，进退畅通，用注射器吸入含有空气的冲胚液 30mL，推入子宫，冲胚液从子宫体冲胚管流出，流入集卵杯。另一侧子宫角用同样的方法冲胚。

（四）术后处理

采胚完毕后，在子宫手术部位涂适量盐酸普鲁卡因青霉素，复位器官，用 37℃ 灭菌生理盐水冲去血凝块，湿润母羊子宫。手术中出血应及时止血，对常见的毛细管出血或渗血，用纱布敷料轻压出血处即可。小血管出血可用止血钳止血，较大血管出血除用止血钳夹住暂时止血外，必要时做缝合处理。

供体母羊创口采用两层缝合法，即腹膜与肌肉单纯连续缝合，外皮单纯间断缝合。缝合后，在伤口周围涂抹碘酊，肌注清醒剂和氯前列烯醇。

二、羊胚胎质量鉴定

检胚时先用冲卵液冲洗集卵杯过滤网，并滤去集卵杯中多余的回收液，使液面低于过滤网，在体视镜下根据集卵杯底网格顺序捡取胚胎。胚胎的鉴定和分级按照《牛羊胚胎质量检测技术规程》（NY/T 1674）标准进行。A级、B级胚胎可用于冷冻。胚胎冷冻前，要在杜氏磷酸盐缓冲液（PBS缓冲液）中冲洗10次。

胚胎质量分为1~4级。1级"优"（Excellent/Good）、2级"良"（Fair）、3级"差"（Poor）、4级"劣"（Dead/Degenerating）。分级标准主要是不同日龄胚胎卵的分裂状态。细胞内颗粒的多少和透明带是否完好等指标。1级、2级胚胎为可供冷冻胚胎，3级为可供鲜胚移植，4级是不可用的死胚或退化胚胎。从试验结果看，早期囊胚的移植受胎率比桑椹胚较高。一个细管中可保存多枚，但必须来自同一供体。

三、胚胎玻璃化冷冻

（一）细管二步法

首先在10% EG预处理液中平衡5min，然后将胚胎移入事先装好玻璃化溶液的0.25mL塑料细管内，快速完成装管和封口，在25s内投入液氮中冷冻保存。玻璃化冷冻保存胚胎细管（0.25mL）溶液配置顺序见图1-2。

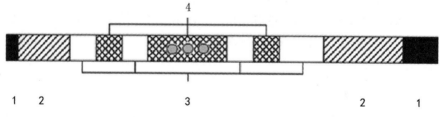

说明：1——栓；2——0.5mol/L蔗糖液；3——空气；4——玻璃化溶液。

图1-2 玻璃化冷冻保存胚胎细管溶液配置顺序

（二）开放式拉长细管（OPS）法

用酒精灯明火将 0.25mL 细管中部加热拉细，并拉长至 22cm，用刀片切除细管棉塞段，然后在 9.5cm 处的细管中间切断，即制成 OPS 管，其管壁内径约为 0.8mm ~ 1mm，管壁厚 0.08mm。室温为 25℃，胚胎操作于 37℃ 恒温台上进行。首先用与口吸管相连的 OPS 将胚胎移入 10% EG 预处理液中平衡 30s，然后移入玻璃化溶液中平衡 25s 后投入液氮中保存。玻璃化冷冻保存胚胎细管（0.25mL）溶液配置顺序同细管二步法。

四、标记和贮存

OPS 管装入离心管进行标记，细管在细管塞上进行标记，标记信息为：第 1 行注明品种、供体羊号，第 2 行注明胚胎阶段、级别、数量、冷冻方法，第 3 行注明制作日期。将标记后的胚胎细管存放在液氮生物容器中。液氮生物容器符合《液氮生物容器》（GB/T 5458）标准规定。

五、解冻

（一）细管二步法解冻

在 25℃ 室温下，将细管从液氮中取出，置于空气中 10s，迅速移入 25℃ 水浴中平行晃动 10s，待细管内蔗糖部分由乳白变为透明时，取出细管，拭去细管表面水分，剪掉封口端，用直径小于细管内径的金属杆推动棉栓，将细管内容物推入含有 0.5mol/L 蔗糖液的表面皿中，在实体显微镜下回收胚胎，然后将胚胎移入新鲜的 0.5mol/L 蔗糖液中平衡 5min，以脱出细胞内部抗冻保护剂，最后用 PBS 缓冲液洗净胚胎。

（二）开放式拉长细管（OPS）法解冻

在 25℃ 室温下，将冷冻的 OPS 管由液氮中取出后直接浸入含有 0.5mol/L 蔗糖液的表面皿中解冻，然后将回收的胚胎移入新鲜的 0.5mol/L 蔗糖液中平衡 5min，以脱出抗冻保护剂，最后用 PBS 缓冲液洗净胚胎。

第七节
液氮生物容器安全使用

液氮是一种特殊的工业制成品,在畜牧品种改良工作中,液氮是精液及胚胎的主要冷冻贮存媒介。

一、液氮的特性

液氮来源于空气,是由氮气压缩冷却而来。空气中所含主要气体成分分为氧气和氮气,其中,氮气约占空气的 78.09%,氮的分子量为 28.0134,比空气略轻,液氮即为液化的氮气,其理化性质比较特殊。主要特性如下。

超低温性:液氮的沸点为零下 195.8℃,液氮每升重量为 808g,液氮冷却到零下 210℃时,将变成霜雪状的固态氮。

液氮这一超低温特性能抑制精子和胚胎等生物体的代谢能力,根据这一特性,可用来长期保存精液及胚胎。其最大优点是可长期保存冻精,使用不受时间、地域以及种用雄性动物寿命的限制。可充分提高公畜的利用率。

液氮同人们日常生活所呼吸的空气中的氮气是同一种物质,液氮是无色、无臭、无毒、不燃烧、不爆炸的液体。液氮的渗透性很弱。当皮肤接触液氮时,会被冻伤。

膨胀性:液氮是由空气压缩冷却制成,其气化时就恢复为氮气。据测定,每升液氮气化,温度上升 15 度,体积膨胀约为 180 倍。1L 液氮在标准大气压下汽化成 683L 0℃的氮气。

窒息性:氮气本身不致人窒息,但在一定空间内,如果氮气过多而隔绝了氧气,也会引起操作者窒息。据测定,10kg 液氮在 10m³ 的室内瞬间蒸发,可使空间氧气突然降到 13%,造成空间缺氧。在此条件下,能引起人窒息乃至死亡。

二、液氮罐的种类

液氮罐一般可分为贮存罐、运输罐两种。从容量来说，分为 3L、5L、6L、10L、15L、20L、29L、30L、35L、50L 和 100L 不等，我们常用的液氮罐有 3L、5L、10L、30L 的。贮存罐主要用于室内液氮的静置贮存，不宜在工作状态下作远距离运输使用。其特点是贮存时间长，比如 10L 液氮罐标准贮存时间为 88d~100d，30L 液氮贮存罐的静止保存时间为 243d~293d。贮存罐如当运输罐使用，其贮存的时间就短，而且容易损坏。运输罐为了满足运输的条件，作了专门的防震设计，贮存运输都可以。其除静置贮存外，还可在充装液氮状态下，作运输使用。它的缺点是作为贮存罐使用时液氮消耗快，贮存时间短，比如 10L 液氮运输罐标准贮存时间为 52d~64d，30L 液氮运输罐静止保存液氮时间为 156d~182d。

在短时间、短距离内使用液氮的情况下，也可使用保温瓶、杯等。但在用保温瓶等物贮存时，须在瓶塞边缘上切开一条牙签样大小的小沟，以利于氮气的排出。

三、液氮罐的安全使用

（一）使用前的检查

液氮罐在充填液氮之前，首先要检查外壳有无凹陷，真空排气口是否完好。若被碰坏，真空度则会降低，严重时进气不能保温，这样罐的上部会结霜，液氮损耗大，失去继续使用的价值。其次，检查罐的内部，若有异物，必须取出，以防内胆被腐蚀。

（二）充填液氮

液氮罐长期贮存物品时，要注意及时补充液氮。液氮液面以不低于冷藏物品为宜。检查液氮贮存量时，可使用称重法或手电筒照射法，亦可用细木、竹竿插入液氮罐中视其结霜高度（等于液面高度）的方法。但切勿用空心管插入，以免液氮从管内冲出飞溅伤人。填充液氮时要小心谨慎。对于新罐或处于干燥状态的罐一定要缓慢填充并进行预冷，以防降温太快损坏内胆，缩短使用年限。充填液氮时不要将液氮倒在真空排气口上，以免造成真空度下降。盖塞是用绝热材料制造的，既能防止液氮蒸发，也能起到固定提筒的作用，所以开关时要尽量减少磨损，以延长使用寿命。

（三）液氮罐的保管

液氮罐要存放在通风良好的阴凉处，不要在太阳光下直晒。由于其制造精密及其固有特性，无论在使用或存放时，液氮罐均不准倾斜、横放、倒置、堆压、相互撞击或与其他物件碰撞，要做到轻拿轻放并始终保持直立。

（四）液氮罐的清洗

液氮罐闲置不用时，要用清水冲洗干净，将水排净，用鼓风机吹干，常温下放置待用。液氮罐内的液氮挥发完后，所剩遗漏物质（如冷冻精子）很快融化，变成液态物质而附在内胆上，会对铝合金的内胆造成腐蚀，若形成空洞，液氮罐就会报废，因此液氮罐内液氮耗尽后对罐子进行刷洗是十分必要的。具体的刷洗办法如下：首先把液氮罐内提筒取出，液氮移出，放置 2d~3d，待罐内温度上升到 0℃ 左右，再倒入 30℃ 左右的温水，用布擦洗。若发现个别融化物质粘在内胆底上，一定要细心洗刷干净。然后再用清水冲洗数次，之后倒置液氮罐，放在室内安全不易翻倒处，自然风干，或如前所述用鼓风机风干。注意在整个刷洗过程中，动作要轻慢，倒入水的温度不可超过 40℃，总重不要超过 2kg。

（五）液氮罐的安全运输

液氮罐在运输过程中必须装在木架内垫好软垫，并固定好。罐与罐之间要用填充物隔开，防止颠簸撞击，严防倾倒。装卸车时要严防液氮罐碰击，更不能在地上随意拖拉，以免缩短液氮罐的使用寿命。

（六）其他注意事项

1. 液氮是低温制品，在使用过程中要防止冻伤。

2. 在液氮中操作及存取冷冻物品时速度要快，要注意轻拿轻放，以免内容物解冻，造成不必要的损失。

3. 在使用和贮存液氮的房间内，要保持通风良好，以避免空间缺氧，造成窒息。

4. 由于液氮不具杀菌性，故接触液氮的用具要注意消毒。

5. 液氮贮存在液氮罐中时，要注意将液氮罐口保留一定缝隙，否则由于液氮气化时气体无法及时排出，极易造成爆炸事故发生。液氮罐的盖塞都留有一定的缝隙，在使用时千万不要人为地将其堵塞。

第二章
家畜精液胚胎传播的疫病

CHAPTER 2

　　人工授精和胚胎移植技术的发展及越来越多的国际贸易推动了人工授精、胚胎移植与传播疾病问题的研究。世界动物卫生组织（WOAH）颁布的《陆生动物卫生法典》，对牛精液、小反刍动物精液、猪精液、牛胚胎、猪胚胎、绵羊和山羊胚胎、鹿科动物胚胎、马科动物胚胎、实验用啮齿类动物和兔胚胎，以及体外授精牛胚胎在国际贸易中的检疫要求作了原则性规定。为防止动物疫病随精液、胚胎的国际贸易而传播，各国（地区）对进口的动物精液、胚胎都提出具体的检疫要求。目前官方兽医对国际胚胎贸易的卫生要求重点放在胚胎的供体动物（供精公畜、供卵母畜）的健康状况。而供体动物的健康状况的确定仍依赖于临床检查、血清学诊断和病原体分离培养。大多数的规定是参考对活畜和冷冻精液的要求，例如供精公畜按进口精液的检疫要求，供卵母畜按进口种畜的检疫要求进行检测。尽管大量的研究试验结果表明，胚胎移植比活畜、精液运输安全，但胚胎的国际贸易卫生要求比活畜、精液复杂和严格，不仅要对供精公畜进行检疫，而且还要对供卵母畜进行检疫。这在某种程度上影响或限制了家畜胚胎的国际交换和贸易。

　　按理说，如果供体动物是健康的，那精液和胚胎本身无疑也应是健康的。但是，用于确定供体动物健康状况的主要方法之一的血清学试验本身也不完全可靠。确定动物是否健康，从检疫的角度上讲主要是看其是否有传播某种疾病的可能。血清学试验主要是测定动物体内有无某种病的特异性免疫抗体，并不能确定病原体在机体存在的状况。血清学试验结果仅表明，被检动物是否接触过某种抗原（自然感染或免疫接种）和机体内有无该病的循环抗体。至于这种病原体是否存在于该动物、可能存在于何种组织、是否能传染或在何种情况下可能是传染性的，血清学检查结果很少或几乎不能判定。因此，某头动物有特异性抗体并不一定就是不健康的，相反，没有抗体也不能保证机体内不存在某种病原体，该动物也就不一定是健康的。病原分离能比血清学试验提供更多的较为可靠的结果，能表明供体动物带菌带毒状况（Van Der Maaten，1985）。然而，此方法仍有缺陷，这是因为病原体有时可能处于被遮蔽阶段（即病毒在细胞内增殖，非释放期），这时病原分离是阴性的。此外，也可能因病原体存在于机体的数量较少，目前的诊断方法敏感性不高而不能被检出。

　　综上所述，目前还没有一种万能的可靠检测方法，能证明供体动物确切的健康状况。因此,"确保供体动物是健康的,胚胎本身无疑也应是健康的"的前提是不可靠的。故国际胚胎贸易的卫生健康要求有待于进一步磋商。根据胚胎移植传播疾病的有关知识,我们应该把进口胚胎检疫的重点放在对胚胎以及胚胎存在的外环境的检疫上。如果胚胎本身不带任何病原体,胚胎的外环境(如子宫、冲洗液、清洗液、营养保存液等)也不存在任何病原体,那么胚胎移植的安全就可以得到保障。

一、进口家畜精液可能传播的主要疫病

由于人工授精使用稀释精液,这使得一次射精的精液应用范围扩大,传播疾病的可能性也就成倍增加;而病原体在冷冻和低温条件下仍能存活,使得传染源长期存在,此外精液中的病原体可通过人工授精直接植入母畜生殖道引起传播。这些都是对控制精液中病原体传播的不利因素。不过,如果各个环节操作得当,人工授精又能成为控制疾病的有效手段。这是因为:一是精液被稀释后精液中病原体也随之稀释,甚至可以减少到最小感染剂量以下;二是人工授精可以避免动物之间的接触,减少传染疾病的可能;三是如果使用冷冻精液,在采精前后及授精之前均可以检查公畜的健康状况;四是一次采精的精液可分装成多支细管,在使用前可检查是否存在微生物,检查合格后可大范围安全使用;五是冷冻精液可以加抗菌素控制病原微生物。

实验研究结果表明,有多种疫病可通过家畜精液传染,在国际贸易中存在不可忽略的贸易风险。因此,WOAH《陆生动物卫生法典》对相关动物精液的生产加工以及运输存放等提出了相应的防疫措施规范。不同种类的动物,所易感的传染病类型存在很大差异,所以国际贸易中不同种类家畜精液存在不同类型的疫病风险。

(一)牛科动物精液存在的疫病风险

按照 WOAH《陆生动物卫生法典》"关于种公牛和试情动物检测的规定",牛科动物精液贸易存在传染风险的疫病种类包括:布鲁氏菌病、牛结核病、牛病毒性腹泻、牛传染性鼻气管炎/传染性脓疱性外阴道炎、蓝舌病、胎儿弯曲杆菌性病亚种、胎儿三毛滴虫等。

(二)羊科动物精液存在的疫病风险

按照 WOAH《陆生动物卫生法典》"关于公羊、雄鹿和试情动物检测

的规定"，羊科动物精液贸易存在传染风险的疫病种类包括：布鲁氏菌病、绵羊附睾炎、接触性无乳症、小反刍兽疫、山羊传染性胸膜肺炎、副结核病、痒病、梅迪—维斯纳病、山羊关节炎/脑炎、蓝舌病、结核病等。

（三）猪科动物精液存在的疫病风险

按照 WOAH《陆生动物卫生法典》"关于公猪检测的规定"，猪科动物精液贸易存在传染风险的疫病种类包括：布鲁氏菌病、口蹄疫、伪狂犬病、传染性胃肠炎、非洲猪瘟、古典猪瘟、猪繁殖与呼吸综合征等。

二、进口家畜胚胎可能传播的主要疫病

通过胚胎移植传播动物疫病的问题研究相比于人工授精较为困难。相关研究起始于 20 世纪 60 年代。对实验动物的研究结果表明，有些疾病，特别是病毒病能感染胚胎，并能将病原体传给受体。研究证实，如果胚胎移植的各项操作得当，胚胎移植传播疾病的可能性就远比活畜、精液小。

（一）研究方法

目前，世界范围内对胚胎移植与疾病传播关系的研究已完成 1000 多项专题研究，研究方法大致可分为以下四类：一是体外—体外试验，在体外将胚胎与病原体接触，然后冲洗或进行其他处理，最后进行分析、培养，用电镜或其他方法检查胚胎上有无病原体存在；二是体内—体外试验，从已知感染某种疾病的动物采集胚胎及收集冲胚液，经清洗和处理，然后分析检查胚胎是否受到了感染；三是体外—体内试验，将从健康动物采集到的胚胎在体外暴露给病原体，经清洗或其他处理后，移植给健康的受体，最后检查受体是否被感染；四是体内—体内试验，将从感染某些病原体动物采集到的胚胎进行清洗和处理，移植给健康的受体，最后检查受体是否被感染。

确定任何一种疾病是否会因胚胎移植而传播都须经以上四种试验。只有四种试验结果均为阴性，并积累一定试验数据，才可认为该病不会因胚胎移植而传播。

（二）研究情况

早期实验动物的研究结果表明，某些病毒确实能穿过透明带感染胚胎，并有可能将病原体传给受体动物或后代。例如，脑脊髓心肌炎病毒能

感染小鼠胚胎，猫白血病病毒能穿过豚鼠胚胎，人腺病毒 5 型能穿过小鼠胚胎。而水泡病病毒、鼠细小病毒以及某些 RNA 和 DNA 肿瘤病毒不能穿过透明带感染胚胎。

在家畜的试验中，病原体与胚胎的相互作用关系在牛、猪、山羊、绵羊等方面研究较多。总的结果表明，家畜与实验动物的结果不同，家畜胚胎透明带能有效阻止疾病的传播，多数病原体不能感染胚胎（Chen Shisong & Wrathall，1989）。

1. 牛的胚胎与病原体

口蹄疫、牛白血病、蓝舌病等不会因胚胎移植而传播。牛传染性鼻气管炎病毒、支原体、嗜血杆菌和粗糙型布氏杆菌能牢牢地附着在牛胚胎透明带的表面。将这些病原体暴露给除去（用化学法、物理方法）透明带的胚胎，病原体能感染胚胎引起早期胚胎死亡（Bowen 等，1985）。

2. 羊的胚胎与病原体

布氏杆菌能附着在透明带表面，在体外将羊胚胎暴露给蓝舌病病毒，蓝舌病病毒能附着并能穿过透明带，在透明带内发现有该病毒颗粒。将从感染蓝舌病病毒的山羊获得的胚胎移植给健康受体，结果受体发生了血清阳转。

3. 猪的胚胎与病原体

从细小病毒感染猪体内采集的胚胎可引起受体动物及后代感染或血清阳转。大量的试验结果表明，将猪胚胎在体外暴露给伪狂犬病病毒、猪水泡病病毒、猪肠炎病毒、猪瘟病毒、非洲猪瘟病毒和口蹄疫病毒等，发现多数病毒牢牢地附着在猪胚胎透明带上。但尚无试验证明病毒能穿过透明带进入胚胎感染早期胚细胞，也尚无猪胚胎移植传播疾病的报道。

4. 胚胎移植与非病毒性病原体

非病毒性病原体由于其本身的体积大，一般认为不可能穿过胚胎透明带。然而，某些细菌能较为紧密地附着在胚胎透明带的表面不易被清洗掉。将透明带完整的牛胚胎暴露给牛布氏杆菌，这种细菌能被除去，而将透明带完好的绵羊胚胎暴露给绵羊布氏杆菌，就不能被轻易地清除掉。这可能是由于不同型布氏杆菌的表面化学结构不同，牛布氏杆菌为光滑型，而绵羊布氏杆菌为粗糙型。将胚胎暴露给嗜血睡眠杆菌后，不能被清洗掉。尿支原体能紧密附着在牛胚胎透明带上，任其清洗也不能除掉。钩端螺旋体紧紧地附着在猪胚胎透明带上，清洗 10 次也不能除去。此外，胚胎移植可传播弓形虫病。

(三) 胚胎及透明带表面的病原体消毒处理

研究结果表明，许多病原体附着在透明带表面或表层而成为传播疾病的潜在危险。虽然尚无较多的关于胚胎移植传播疾病的报道，但目前不能做出胚胎移植不会传播疾病的结论。

从理论上讲，胚胎移植传播疾病的可能性是很小的。病原体感染早期胚胎（透明带完整期间）的途径有两条：

1. 经过配子本身感染胚胎，即病原体在未受精之前存在于卵细胞内或精子内或附着在受精的卵子上。曾有报道，在电镜下发现精子头部内有牛病毒性腹泻病毒颗粒，但这确属罕见。

2. 病原体存在于胚胎的外环境中而污染胚胎，在体内子宫内、输卵管或在体外冲洗液、清洗液、营养液或冷冻保存液中的病原体可感染胚胎。然而胚胎在供体体内存在的时间是短暂的，一般只有 6d~9d，许多病原体不能穿过透明带进入胚胎，仅存在于透明带表面或表层。

因此，找到有效的消毒方法除去透明带表面的病原体，就能最大限度地减小胚胎移植传播疾病的可能性，使胚胎移植更为安全可靠。

目前，人们知道应用抗菌素、抗体、酶以及其他药物能清除某些病原体，但这方面还有待于进一步研究。国际胚胎移植协会（IETS）1987 年推荐了胚胎经 10 次清洗，每次用 100 倍稀释的灭菌营养液，用新的灭菌吸管进行清洗。这个程序能较有效地除去部分种类病原体，最多能将病原体的数量降低至 10^{-6} ~ 10^{-7}。然而牛的个别病原体（牛传染性鼻气管炎病毒、水泡病病毒、嗜血睡眠杆菌、尿支原体）、羊的病原体（绵羊布氏杆菌）和许多猪的病原体（非洲猪瘟病毒、口蹄疫病毒、猪瘟病毒、伪狂犬病病毒、猪细小病毒、猪水泡病病毒、水泡性口炎病毒）能牢牢地附着在胚胎透明带上，清洗 10 次也不能除去。

加胰酶和抗血清（抗体）处理是一种灭活或清除透明带表面病原体的方法。Singh（1987）总结了此项试验，指出胰酶处理可有效地从牛胚胎透明带上除去牛传染性鼻气管炎病毒，从猪胚胎透明带上除去猪细小病毒、猪瘟病毒和水泡性口炎病毒，然而不能有效地把无囊膜的病毒如非洲猪瘟病毒、猪水泡病病毒从猪胚胎上除去。Thomsome 等介绍了应用抗菌素可清除牛胚胎透明带表面的嗜血睡眠杆菌。

Van Der Maaten 介绍了用一些酶类活性物质可清除附着在透明带上的病原体。还有，低 pH 值和一些高分子（不能进入透明带影响胚胎）清洁剂都能溶解或裂解病毒粒子。∝-甲基、D-甘露糖酶可以使病毒释放脂蛋白。此外，因胚胎对紫外线不十分敏感，可以用紫外线照射，使病毒灭活。

胚胎移植的某些操作过程也有助于减弱或消除病原体的活力。如冲洗胚胎的冲洗液能使子宫内可能存在的病原体得以稀释。此外，牛胚胎冷冻过程中也能降低病毒的活力。如将游离的牛病毒性腹泻病毒放在维持胚胎的培养液里，置于室温或孵育温度下，其活力会逐渐损失。牛流产病毒的悬浊液在胚胎冷冻和解冻处理后，活力会下降64%。

（四）国际胚胎移植协会（IETS）的研究结论

IETS 手册将胚胎移植与疾病控制的研究结论归纳为以下四类情况：

1. 有足够的证据表明，如果胚胎采集和移植的各项操作得当，胚胎移植不会传播下列疾病或病原体：牛白血病、口蹄疫（牛）、蓝舌病（牛）、布氏杆菌病（牛）、牛传染性鼻气管炎（需经胰酶处理）、伪狂犬病（猪，需经胰酶处理）。

2. 有大量的证据表明，如果胚胎采集和移植的各项操作得当，胚胎移植不会传播下列疾病或病原体，但需进一步增加移植数量，以证实现有相关数据的可靠性：猪瘟（古典猪瘟）。

3. 初步的研究证据表明，如果胚胎采集和移植的各项操作得当，胚胎移植不会传播下列疾病或病原体，但需进一步补充体内、体外试验数据，以证实先前的一些结论：牛瘟（牛）、牛病毒性腹泻、蓝舌病（绵羊）、胎儿弯曲杆菌（绵羊）、口蹄疫（猪、绵羊和山羊）、猪水泡病、非洲猪瘟、痒病（绵羊）、嗜血杆菌病。

4. 正在研究，尚无法得出结论：赤羽病、水泡性口炎（牛、猪）、鹦鹉热衣原体（牛）、尿支原体（牛、山羊）、梅迪—维斯纳病（绵羊）、肺腺瘤病（绵羊）、痒病（山羊）、蓝舌病（山羊）、山羊关节炎/脑炎、细小病毒（猪）、肠道病毒（牛、猪）、钩端螺旋体（猪）、牛疱疹病毒4型、副结核（牛）、布氏杆菌病（绵羊）、边界病（绵羊）、副流感病毒3型（牛）、牛海绵状脑病因子。

（五）WOAH《陆生动物卫生法典》的相关要求

1. 关于猪胚胎的特别规定：原产群应无猪水泡病和布鲁氏菌病的临诊症状。透明带完整猪胚胎的有效低温冷冻保存技术还处于早期研究阶段。

2. 关于马胚胎的特别规定：有关建议主要适用于长期生活于国内马群的马胚胎采集，可能不适用于经常参加国际活动或赛事的马。例如，国际运输附有国际兽医证书的马匹时，可根据两国兽医主管部门达成的双边协议，免除相关限制。

3. 关于骆驼科动物胚胎的特别规定：采用常规非手术技术在排卵后6.5d~7d从子宫腔内冲洗采集到的南美骆驼科动物胚胎几乎均处于孵化期囊胚阶段，而透明带已消失。鉴于排卵后6.5d~7d之前胚胎尚未进入子宫而无法回收，所以要求只有透明带完整的骆驼胚胎才能进行国际贸易显然与现实不符。骆驼胚胎冷冻保存方法的研究还处于早期阶段，尚未开展关于病原体对骆驼胚胎影响的研究。

4. 关于鹿类胚胎的特别规定：有关建议适用于长期驯养鹿群或农场化饲养鹿群的胚胎采集，可能不适用于野生鹿胚胎采集或生活在生物多样性或遗传资源保护项目条件下的鹿群胚胎采集。

5. 关于体内获得胚胎疫病传播风险的建议：根据IETS的结论，将以下疫病和病原体划分为四个类别，该分类仅适用于体内分离胚胎。

一类疫病或病原体，指在按照IETS手册规定正确操作胚胎采集和运输的前提下，有足够证据证明其传播风险可忽略不计。一类疫病或病原体如下：伪狂犬病（猪，胚胎需经胰酶处理）、蓝舌病（牛）、牛海绵状脑病（牛）、流产布鲁氏菌病（牛）、地方流行性牛白血病、口蹄疫（牛）、牛传染性鼻气管炎/传染性脓疱性阴户阴道炎（胚胎需经胰酶处理）、痒病（绵羊）。

二类疫病或病原体，指在按照IETS手册规定正确操作胚胎采集和运输的前提下，有大量的证据显示其传播风险可忽略不计，但需要进行补充评估来验证现有数据。二类疫病如下：蓝舌病（绵羊）、山羊关节炎/脑炎、古典猪瘟。

三类疫病或病原体，指在按照IETS手册正确操作胚胎采集和运输的前提下，有初步证据表明其传播风险可忽略不计，但需要其他体内和体外补充实验数据证实初步结论。三类疫病或病原体如下：牛免疫缺陷性病毒（非WOAH名录疫病）、牛海绵状脑病（山羊，非山羊WOAH名录疫病）、牛病毒性腹泻病毒（牛）、胎儿弯曲杆菌（绵羊，非绵羊WOAH名录疫病）、口蹄疫（猪、绵羊和山羊）、睡眠嗜血杆菌（牛，非 WOAH 名录疫病）、梅迪—维斯纳病（绵羊）、副结核分枝杆菌（牛）、犬新孢子虫（牛，非 WOAH 名录疫病）、绵羊肺腺瘤病（非 WOAH 名录疫病）、猪圆环病毒 2 型（猪，非 WOAH 名录疫病）、猪繁殖与呼吸综合征（PRRS）、牛瘟（牛）、猪水泡病（非 WOAH 名录疫病）。

四类疫病或病原体，指已进行研究或正在进行研究，结果表明尚未能就传播风险程度得出结论，或即使已按照 IETS 手册正确操作胚胎采集和运输，通过胚胎传播的风险不可忽略。四类疫病或病原体如下：非洲猪瘟、赤羽病（牛，非 WOAH 名录疫病）、牛无浆体病、蓝舌病（山羊）、边界病（绵羊，非 WOAH 名录疫病）、牛疱疹病毒 4 型（非 WOAH 名录疫病）、鹦鹉热衣原体（牛，绵羊）、马传染性子宫炎、肠病毒（牛、猪，非 WOAH 名录疫病）、马鼻肺炎、马病毒性动脉炎、大肠杆菌 O9：K99（牛，非 WOAH 名录疫病）、博氏钩端螺旋体（牛，非 WOAH 名录疫病）、钩端螺旋体属（猪，非 WOAH 名录疫病）、牛结节性皮肤病、牛分枝杆菌（牛）、支原体属（猪）、绵羊附睾炎（绵羊布鲁氏菌）、副流感病毒 3 型（牛，非 WOAH 名录疫病）、细小病毒（猪，非 WOAH 名录疫病）、痒病（山羊）、胎儿三毛滴虫（牛）、脲原体属和支原体属（牛、山羊，非 WOAH 名录疫病）、水泡性口炎（牛、猪，非 WOAH 名录疫病）。

第一节
多种动物共患病

◇

一、口蹄疫

（一）疫病简述

口蹄疫（Foot and mouth disease，FMD）是由口蹄疫病毒（Foot and mouth disease virus，FMDV）引起的偶蹄动物的一种急性、热性、高度接触性传染病，它被世界动物卫生组织（WOAH）列为动物传染病之首，也是

《中华人民共和国进出境动植物检疫法》和农业农村部规定的动物一类传染病。口蹄疫易感动物包括牛、猪、绵羊、山羊和骆驼等，以及多种野生偶蹄哺乳动物。

口蹄疫是一种古老的疫病。几乎世界上所有的国家或地区历史上都曾经发生过口蹄疫。在全球的七个洲中，只有南极洲没有口蹄疫。目前，口蹄疫在世界上的分布仍然广泛，一般每隔10年左右就有一次较大的流行，世界上许多国家和地区都不同程度地遭受口蹄疫的危害或者威胁。WOAH将口蹄疫感染国家或者地区分为4种类型：（1）不免疫无口蹄疫国家或地区；（2）免疫无口蹄疫国家或地区；（3）不免疫部分地区无口蹄疫的国家或地区；（4）免疫部分地区无口蹄疫的国家或地区。

口蹄疫的自然易感动物是偶蹄动物，但不同偶蹄动物的易感性差别较大。牛最易感，发病率几乎达100%，其次是猪，再次是绵羊、山羊及20多科70多个种的野生动物，如黄羊、驼鹿、马鹿、长颈鹿、扁角鹿、麝、野猪、瘤牛、驼羊、羚羊、岩羚羊、跳羚。大象也曾发生过口蹄疫感染。狗、猫、家兔、刺猬间有发生。猪和牛的临床表现最为严重（也有猪发病而牛不发病），羊只表现为亚临床感染。人对口蹄疫易感性很低，仅见个别病例报告。

口蹄疫的传播途径广泛，可通过直接接触、间接接触和气源传播等多种方式迅速传播。直接接触发生于同群动物之间，包括圈舍、牧场、集贸市场、运输车辆中动物的直接接触。间接接触传播主要是通过畜产品，以及受污染的场地、设备、器具、草料、粪便、废弃物、泔水等传播。猪主要是通过食入被病毒污染的饲料而感染，并可大量繁殖病毒，是病毒的主要增殖宿主。

空气传播是口蹄疫重要的传播方式，对于远距离的传播更具流行病学意义，数个感染性病毒颗粒即可引起动物发病。空气中病毒的来源主要是患畜呼出的气体、圈舍粪尿溅洒、含毒污染尘屑等形成的含毒气溶胶。这种气溶胶在适宜的温度和湿度环境下，通常可传播到10km以内的地区，也可能传播到60km（陆地）或300km（海上）以外地区。因此，口蹄疫常发生远距离跳跃式传播和大面积暴发，迅速蔓延并容易形成大流行。

潜伏期和正在发病的动物是最重要的传染源。动物感染后在表现临床症状前24h就开始向体外排毒，牛感染后9h至11d为排毒期，猪也大致如此。病毒可随呼出气体、鼻液、乳汁、精液和粪尿等排出。肉和动物副产品在一定条件下可能携带病毒。病毒粒子飘浮于空气中，可随风传播到很远的地方，空气的温度、湿度及太阳光照等与病毒的空气传播有很大关系。病毒一般先在咽喉、食道（OP）部上皮产生一级水泡，随后出现病毒血症，扩散到全身组织器官后，病毒优先选择口、蹄等部位定居产生二级水泡。急性期约1周，然后病情逐渐减轻，幼龄动物可因心肌炎而死亡。病毒可在动物的咽、食道部上皮内持续存在很长时间，故检测口蹄疫可刮取OP液检查是否有病毒存在，通过这一方法也可检测病毒在某种动物体内持续感染的时间。可从感染数周至数年的动物咽、食道部分泌物中分离到病毒，在自然感染和免疫动物中均可产生持续性感染。康复的动物和接种疫苗的动物可能成为病毒携带者，尤其是牛和水牛。病毒在牛的口咽部可存活30个月，水牛会更长。羊一般带毒9个月，鹿为2~3个月。非洲大水牛是SAT型病毒的主要贮存宿主。带毒动物一旦接触易感畜群，则很有可能导致本病暴发流行。

（二）病原特征

口蹄疫病毒（FMDV）是小RNA病毒科口蹄疫病毒属的成员。该小RNA病毒科在医学和兽医学上具有重要地位，该科包含许多重要的人和动物病毒，如人的脊髓灰质炎病毒、甲肝病毒、柯萨奇病毒、脑—心肌炎病毒、鼻病毒等，重要的动物病毒还有猪水泡病病毒、肠道病毒。A型马鼻炎病毒也已列入口蹄疫病毒属，其基因组结构与FMDV非常相似。通过交叉保护试验和血清学试验确定FMDV有7个血清型，即O、A、C、Asia1（亚洲1型）和SAT1、SAT2、SAT3（南非1、2、3型），及65个以上的血清亚型。根据7个血清型的同源性将其分为两群，即O、A、C和Asia1型为一群，SAT1、SAT2、SAT3为一群，两群之间的血清型同源性仅为25%~40%，群内同源性可达60%~70%，血清型之间无交叉免疫现象。O、A、C型FMDV的毒力和抗原性均易发生变异，几乎遍布亚洲、非洲、拉丁美洲、欧洲；SAT1、SAT2、SAT3主要分布在非洲；Asia1型主要分布在亚洲。北美洲、中美洲、加勒比海地区及大洋洲为FMDV的清净区。

阳光直射能迅速杀灭FMDV，这主要是温度和干燥的作用。埋于深层的病毒可受到保护。空气中的病毒的存活主要受相对湿度的影响，相对湿度大于60%时，病毒存活良好。4℃条件下，病毒比较稳定，冷冻和冷藏对病毒具有保护作用。温度高于 50℃后，随着温度的升高，被灭活的病毒数量增多。80℃～100℃可立即杀灭病毒。病毒适宜于中性环境，最适 pH 值为 7.4～7.6，pH 值小于 6.0 或大于 9.0 可灭活病毒。2%氢氧化钠、4%碳酸钠、0.2%柠檬酸可杀灭病毒。病毒对石炭酸、乙醚、氯仿等有机溶剂具有抵抗力。病毒可在乳鼠、乳兔、鸡胚和仔猪肾、仓鼠肾、犊牛肾、犊牛甲状腺等原代细胞和 BHK-21（幼仓鼠肾）、IB-RS-2（仔猪肾）、PK15（猪肾）等传代细胞系中增殖。

（三）检测技术参考依据

1. 国外标准

WOAH 手册：Manual of Diagnostic Tests and Vaccines for Terrestrial Animals，Foot and mouth disease

2. 国内标准

（1）《口蹄疫诊断技术》（GB/T 18935—2018）

（2）《口蹄疫检疫技术规范》（SN/T 1181—2010）

二、蓝舌病

（一）疫病简述

蓝舌病（Bluetongue，BT）又称绵羊卡他热，是一种主要发生于绵羊的非接触性虫媒病毒传染病，以发热、白细胞减少、颊黏膜和胃肠道黏膜严重卡他性炎症为主要特征。蓝舌病于 1876 年首先在南非发生，1905 年被正式报道，并在很长一段时间内只发生于非洲大陆，后来在欧洲、亚洲、非洲、美洲和大洋洲的 50 多个国家（地区）陆续发生。在 29 个蓝舌病病毒（Bluetongue virus，BTV）血清型中，非洲分离出 23 个，亚洲 16 个，大洋洲 8 个，美洲 12 个，我国分离的血清型主要为 BTV1、BTV10 和 BTV16。值得注意的是，很多国家（地区）发现了 BTV 抗体，但未发现任何病例。

BTV 主要感染绵羊，所有品种的绵羊都可感染，牛和山羊次之，野生动物中鹿和羚羊易感。绵羊以细毛羊更敏感，纯种美利奴羊尤为易感。在南非，感染发病的主要是羔羊；在美国，感染发病的主要是 5 岁左右的成年羊。除绵羊外，牛对 BTV 易感，但以隐性感染为主，仅部分牛表现出体温升高等症状。山羊和野生反刍动物如鹿、麋、羚羊、沙漠大角羊等也可感染 BTV，但一般不表现出症状。山羊较绵羊、牛有更强的抵抗力。仓鼠、小鼠等啮齿动物可感染 BTV，也有人从野兔体内分离出病毒，除此之外，非反刍动物未见感染过 BTV 的报道。

由于蓝舌病是一种虫媒病毒病，它的发生、传播与环境因素和放牧方式有很大关系。蓝舌病主要发生在温暖、湿润等适宜于媒介昆虫生长活动的季节，经常在河谷、水坝附近、沼泽地放牧的动物更易感染和发病。如果在日出前和日落后将动物关养于厩舍，可大大减少动物感染发病的机会。在美国，动物发病主要在夏末秋初，而在第一次降霜以后，发病动物会明显减少。库蠓（Culicoides）是 BTV 的主要传播媒介。因此，蓝舌病多呈地方性流行，本病的发生、流行与库蠓等昆虫的分布、习性和生活史关系密切，具有明显的季节性，即晚夏与早秋多发。库蠓吮吸病毒血症动物的血液后，病毒在库蠓唾液腺内增殖，8h 内病毒浓度急剧升高，6d～8d 达到高峰，此时的病毒浓度可升高约 10000 倍，高浓度的病毒可维持很长时间，使库蠓终生具有感染性，但还没有证据证明库蠓可将病毒通过卵巢传染给后代。库蠓在世界上已知有 1300 余种，我国已知有 480 种。在非洲和中东，传播蓝舌病的主要库蠓为淡翅库蠓和 C. imicola，美国和加拿大主要是 C. variipennis 和 C. insignis，欧洲为 C. imicola，拉丁美洲为 C. insignis，大洋洲为 C. fulvus、C. actoni、C. wadai 和 C. brevitarsis，亚洲对 BTV 的媒介缺乏深入研究，在其他洲可传播 BTV 的库蠓品种如 C. wadai、C. fulvus、C. brevitarsis 和 C. imicola 等在亚洲都有分布。库蠓在叮咬动物、吸吮感染 BTV 的血液后 7d～10d 为病毒携带传染期，此时绵羊被带毒库蠓叮咬 1 次就足以引起感染。除库蠓外，还有许多昆虫亦可传播 BTV，已有沼蚊、羊蜱蝇、螯蝇、虻、牛虱、羊虱和蜱等传播该病的报道。BTV 可经胎盘感染胎儿，引起流产、死胎或胎儿畸形，胎儿感染的病毒血症可持续到产后 2 个月。BTV 也可潜伏于公畜精液中，但已证实不存在长期潜伏的 BTV，感染仅可能在公畜发生病毒血症时通过交配传播给母畜和胎儿，所以从蓝舌病流行的国家（地区）进境精液有一定的危险。牛胚胎不会传播蓝舌病，即使采自病毒血症期的胚胎，只要透明带完整，按照一定程序冲洗，也很安全。但采自感染绵羊的胚胎有可能传播蓝舌病。易感动物对口腔途径感染有很强的抵抗力，发病动物的分泌物和排泄物内病毒含量极低，不会引起蓝舌病的传播，其产品如肉、奶、毛等也不会传播 BTV。

（二）病原特征

BTV 属于呼肠孤病毒科环状病毒属蓝舌病病毒亚群的成员，为该属的代表种，已发现它有 29 个血清型。未提纯的 BTV，特别是在有蛋白质存在的情况下有较强的抵抗力，它可在干燥血清或血液中长期存活达 25 年，也可长期存活于腐败的血液中，病毒在康复动物体内能存活 4 个月左右，对紫外线和 γ 射线有一定抵抗力，对乙醚、氯仿和 0.1% 去氧胆酸钠有一定的抵抗力，在 50% 甘油中于室温下可保存多年，但 3% 福尔马林、2% 过氧乙酸和 70% 酒精可使其灭活，BTV 在 20℃、4℃ 和 -7℃ 时稳定，-20℃ 时不稳定，提纯的病毒即使在低温的条件下也不稳定。BTV 对酸抵抗力较弱，含有酸、碱、次氯酸钠、吲哚的消毒剂很容易杀灭 BTV，pH 值 5.6~8.0 时稳定，pH 值 3.0 时能迅速灭活，不耐热，60℃ 30min 可灭活，75℃~95℃ 可迅速失活。BTV 有血凝素，可凝集绵羊及人的 O 型红细胞，其血凝活性与 VP2 有关，血凝抑制试验可用于 BTV 分型。现已证实 BTV 至少有 29 个血清型，1992 年 Davis 等从肯尼亚分离的一株 BTV 与已知的 29 个型进行中和试验，其结果不同于任何一个现存的血清型，因此还可能存在新的血清型。通过补体结合试验、琼脂扩散试验和荧光抗体试验检测 VP7 可用于群特异性抗原的检测，再进一步检测 VP2 进行定型。

蓝舌病的潜伏期一般为 5d~12d（短的只有 2d，长的可达 15d），多在感染后 6d~8d 发病明显，表现为发热体温升高至 39℃~42℃，发热持续期平均为 6d，大多数病例在体温升高期间出现明显的蓝舌病的特征症状，如精神委顿、食欲丧失、大量流涎、口腔黏膜充血水肿或表现口腔黏膜表层坏死溃疡、咽水肿、唇及舌水肿呈紫色出现糜烂，水肿可一直延伸至颈部、胸部及腋下，蹄冠淤血、肿胀部疼痛致使跛行，并常因胃肠道病变而引起血痢。随着病程的发展，动物的鼻漏由水样发展成浓性黏液，进而形成结痂。

急性病例可因肺水肿而呼吸困难。嘴唇皮肤充血可延伸到整个面部、耳和身体的其他部位，特别是腋下、腹股沟、会阴和下肢更加明显，轻微擦碰即可引起广泛的皮下出血。羊毛生长异常，甚至成块脱落。蹄部病变一般出现在体温消退期，但偶尔也见于体温高峰期。开始蹄冠带充血，很快可见蹄外膜下点状出血，患畜因疼痛而不愿站立、行走，有些动物蹄壳脱落。有些病例因废食、脱水，引起肌肉严重的变形和坏死，使动物很快消瘦和虚弱，这种病例需要很长时间才能恢复，口鼻和口腔病变一般在5d~7d愈合。动物的死亡率与许多因素有关，一般为20%~30%，如果感染发生在阴冷、湿润的深秋季节，死亡率可达90%。BTV可感染多种反刍动物，只有绵羊表现出特征症状，所有品种的绵羊都对BTV易感，但不同品种和同一品种的不同个体感染后有完全不同的临诊表现，美利奴羊和欧洲肉羊等高度易感品种多发病死亡，而非洲土种绵羊等有一定抵抗力的品种一般只出现轻度的体温升高。牛比绵羊更容易感染BTV，但症状较轻，发病的动物很少，一般呈良性。牛的临诊症状主要为一种过敏反应，表现为体温升高到40℃~41℃，肢体僵直或跛行，呼吸加快，流泪，唾液增多，嘴唇和舌肿胀，口腔黏膜溃疡。妊娠期感染BTV，胎儿会发生脑积水或先天畸形。

感染后3d~6d可从血液内检测出病毒，7d~8d后病毒血症达到高峰，然后逐渐下降，绵羊的病毒血症持续2~3周，牛的病毒血症持续可达6d~7周。感染后6d~8d病毒中和抗体滴度开始升高，此时体温上升，初期的组织学病变也同时出现。BTV与血细胞有密切联系，血浆内的病毒浓度很低，感染动物在病毒血症和体温升高前，出现泛白细胞减少症，实验证明，病毒在单核细胞、巨噬细胞、嗜中性细胞和内皮细胞内繁殖。血红细胞结合有大量病毒，但尚不清楚病毒是否存在于红细胞内。与绵羊不同，牛蓝舌病的临诊表现主要是IgE介导的过敏反应，如果牛在感染过BTV或相关病毒后再次感染BTV，血清IgE特异性BTV抗体明显升高，导致组织胺、肾上腺素等释放，引起症状和病变的发生。

蓝舌病为严重传染病和虫媒病毒病，检出阳性动物时，全群动物应作扑杀、销毁或退回处理。为防止该病传入，应选择在昆虫媒介不活动的季节进境动物。

（三）检测技术参考依据

1. 国外标准

WOAH手册：Manual of Diagnostic Tests and Vaccines for Terrestrial Animals，Bluetongue

2. 国内标准

（1）《蓝舌病诊断技术》（GB/T 18636—2017）

（2）《蓝舌病病毒分离、鉴定及血清中和抗体检测技术》（GB/T 18089—2008）

（3）《蓝舌病琼脂免疫扩散试验操作规程》（SN/T 1165.2—2002）

（4）《蓝舌病竞争酶联免疫吸附试验操作规程》（SN/T 1165.1—2002）

三、水泡性口炎

（一）疫病简述

水泡性口炎（Vesicular stomatitis，VS），又名鼻疮（Sore nose）、口疮（Sore mouth）、伪口疮（Pseudoaphthosis）、烂舌症、牛及马的口溃疡，是由水泡性口炎病毒（Vesicular stomatitis virus，VSV）所引起的、高度接触性人畜共患传染病，以口和蹄部产生水泡性损伤为特征。水泡性口炎最早于1926年在美国报道，为马的水泡性疾病，随后在牛群和猪群中也发现了该病。水泡性口炎使牛和马的生产能力下降而造成巨大的经济损失，WOAH将其列为A类传染病，我国列为二类传染病。水泡性口炎首先发现于马、骡，后见于牛、猪、鹿，羊不发生自然感染，人偶然感染，人感染后出现急性热类似流感和登革热的症状。关于VSV在自然界贮存宿主的周期环境，一般认为哺乳动物是VSV在自然界循环中的最终宿主。一些学者认为动物是因食用已感染的动植物而受感染的，或吸血昆虫通过叮咬受感染植物而带毒，然后再通过叮咬把病毒传给动物。家畜和其他多种野生动物可感染VSV，临床症状与水泡疹（VE）、猪水泡病（SVD）和口蹄疫（FMD）不易区别。

本病主要发生于美洲，在法国和南非也有过报道，至今该病仍主要散发于美洲大陆的美国东南部、中美洲和加拿大，在墨西哥、巴拿马、厄瓜多尔、秘鲁、委内瑞拉和哥伦比亚呈地方性流行。人、绵羊、山羊和其他野生动物也能感染。通常VSV可从疫区通过人、马、胚胎、精液和动物产品迅速传播到非疫区。从白蛉和蚊子体内分离到病毒的事实表明水泡性口炎可通过昆虫传播，水泡性口炎的发生具有季节性。该病呈周期性流行，在美国大约每10年有一次大流行，其间伴有小规模的暴发，南美流行的次数更多。在热带和亚热带国家（地区）2~3年发生一次大流行，在温带国家（地区）5~10年发生一次大流行。

（二）病原特征

VSV 主要有 2 个血清型，代表株为印第安纳株（VSV-IN）和新泽西株（VSV-NJ）。迄今已发现 VSV 有 14 个病毒型，在抗原性方面有不同程度的差异，但在毒粒结构、基因组成、转录调控和病毒蛋白等方面均类同。VSV 可引起细胞凋亡，在一些因素（干扰素、细胞因子）的作用下可以改变或削弱杀死细胞的活性而获得持续感染细胞的能力，ts（温度突变株）可能就获得了持续感染状态细胞的能力。病毒以两种方式侵入细胞。病毒首先以子弹形粒子的平端吸附于细胞表面，病毒囊膜与细胞膜融合后将核衣壳释放于细胞浆内。另一方式为细胞表面膜内陷，将整个病毒粒子包围吞入，在胞浆内形成吞饮泡，吞饮泡内的病毒粒子在细胞酶的作用下裂解将核酸释放于胞浆内。

（三）检测技术参考依据

1. 国外标准

WOAH 手册：Manual of Diagnostic Tests and Vaccines for Terrestrial Animals，Vesicular stomatitis

2. 国内标准

（1）《水泡性口炎诊断技术》（NY/T 1188—2006）
（2）《水泡性口炎检疫技术规范》（SN/T 1166—2010）

四、伪狂犬病

（一）疫病简述

伪狂犬病（Pseudorabies，PR），又称为奥耶斯基病（Aujeszky's disease，AD），其是由伪狂犬病病毒（Pseudorabies virus，PRV）引起的一种以发热和脑脊髓炎为主要特征的急性传染病，多种家畜、野生动物和人均可感染此病。该病属于典型且极难防疫的自然性疾病之一。猪是 PRV 最主要的贮存宿主和传染来源，主要引起妊娠母猪流产、死胎成木乃伊胎及产弱胎等，哺乳仔猪及断乳仔猪高热、呼吸困难、显著的中枢神经障碍症状，死亡率高，成猪通常呈隐性感染，死亡率低，但感染猪因病毒的免疫抑制作用而增加对其他疾病的易感性，从而增加死亡率。1902 年匈牙利学者奥耶斯基首先报道本病，他从牛、狗和猫中发现了病毒，可在兔和豚鼠中连续传染。本病呈世界性分布，已有 40 多个国家（地区）发生此病，在整个欧洲都有发生和流行，造成不同程度的灾难性经济损失。东欧特别是巴尔干国家，本病是重要的常发病。20 世纪 70 年代，本病在东欧和西欧许多国家（地区）明显增多。本病在美国属于重要传染病，1813 年已证明美国存在此病，1961—1962 年在印第安纳州由于强毒株的出现引起本病蔓延开来。本病在中东和拉丁美洲都有报道。日本、印度、东南亚国家也有发生，中国也有此病的报道。新西兰也有此病，澳大利亚未见报道。在非洲北部一些国家（地区）也有此病的报道。此病对许多经济动物都有致死性，特别是对牛、羊、猪，其中对猪可引起严重的经济损失，妊娠母猪可大批流产，仔猪大批死亡。尤其严重的是，因猪是本病的主要贮存宿主，当经济价值高的良种猪场一旦暴发本病，则需要全场更新猪种，因此世界上的养猪国家（地区）几乎都把本病列为重点防治疾病之一。

（二）病原特征

本病的病原是伪狂犬病病毒（PRV），又称猪疱疹病毒Ⅰ型（SHV-I），它属于疱疹病毒科甲疱疹病毒亚科水痘病毒属。PRV 是疱疹病毒科中感染范围广和致病性较强的一种，病毒定位于中枢神经系统，为隐性感染，在应激时被激活。试验证明，囊膜同感染的发生有密切关系，但没有囊膜的裸露核衣壳同样具有感染性，其感染力则比成熟病毒低 4 倍。PRV 核心含双股 DNA，其中 G+C 约 73%，是疱疹病毒中含量最高的。PRV 的抵抗力较强，44℃ 5h 仍有 28% 的存活率。55℃ ~ 60℃ 30min ~ 50min 可灭活，70℃ 10min ~ 15min、80℃ 3min 可灭活，100℃时立刻灭活。一般情况下在畜舍内干草上的病毒存活的时间，夏季约为 30d、冬季可达 46d；含毒病料在 50% 甘油盐水中于 0℃ ~ 6℃ 条件下 154d 后，其感染力仅轻度下降，保存到 3 年时仍有感染力；在腐败条件下，病料中的病毒经 11d 左右失去感染力。PRV 对乙醚、氯仿等脂溶物质，福尔马林和紫外线照射等敏感。纯酒精作用 30min、5% 石炭酸 2min 可灭活，但 0.5% 的石炭酸作用 32d 以上还有感染力。2% 福尔马林作用 20min、0.5% ~ 1% 氢氧化钠能迅速灭活病毒。胰蛋白酶等酶能灭活本病毒，但不损坏衣壳，其破坏作用可能涉及整个囊膜或仅为囊膜上与感染细胞结合的受体。-70℃适合于病毒培养物的保存，冻干的培养物可保存数年。血清学方法证明本病毒只有一个型，世界各地的毒株都一致。病毒的毒力则有强弱不同的区别。英国分离的毒株对牛羊的毒力很低，美国过去发现个别流行地区的病毒毒株的毒力有所增强，可引起成年猪死亡，认为是由于病毒在流行过程中出现了强毒力毒株。试验证明了这种强毒力毒株在血清学上并无变化，只是在细胞培养物的感染滴度明显增高。本病毒与人的疱疹病毒、B 病毒以及鸡马立克氏病病毒用直接荧光抗体法检查时都有微弱的交叉反应。迄今还未证明本病毒有能凝集禽类和哺乳动物红细胞的血凝素。

PRV 与其他疱疹病毒只能感染一种或几种动物不同，其宿主范围广，自然的易感动物有牛、山羊、绵羊、猪、猫、狗、獾、小狼、鹿、小鼠、大鼠、兔、浣熊等。人工接种可感染的有豚鼠、雪貂、猴、野猪、豺、鼬、蝙蝠、秃鹰、鸡、鸭、鹅、麻雀、鸽、火鸡、驴、马。对人工接种有抗受力的有猿、黑猩猩、蛙、蛇、龟、猪虱。研究证实牛、绵羊、狗、猫和小白鼠都比猪易感，几乎都是致死性的，猪对本病有较强的抵抗力，是本病病原的主要天然贮存宿主。病毒一旦使动物发病致死之后病毒也就消失了，除非病毒在尸体内消失之前又被易感动物吃进而传播，否则就不能构成传播。马虽然也易感但很少发生，即使感染，症状也轻并容易康复。本病的传染途径除了经口、鼻传染之外，经研究证实通过空气飞沫传播本病也是重要的传染途径。本病病毒通过空气传播的距离可达 1km~2km。有的靠近发病猪舍的牛舍内的牛，被证明是从病猪舍出来的飞沫通过空气传播而感染了本病。接触传染主要通过排毒动物的口鼻接触引起。被病毒污染的饲料和垫草、场地以及其他物品都可成为传染媒介。

由于猪是本病病毒的主要贮存宿主，一般毒力的毒株对成年猪不引起可见的临诊症状，然后病毒在某些神经节部位潜伏下来使猪保毒。毒力强的毒株则同样能引起部分成年猪发病甚至致死。公、母猪配种可相互感染，怀孕母猪的 PRV 可垂直传播感染子宫内胎儿，仔猪可因食入母猪乳汁而感染，吸血昆虫也可传播本病。初生仔猪可从母猪初乳中的母源抗体得到保护，但不能防止仔猪排毒。不论是接种疫苗产生主动免疫或用被动免疫的方法都不能防止传播。重要的是构成隐性带有强毒的猪往往是在接种疫苗后再感染强毒而形成的。发病的公猪可以通过配种传染母猪。发病的妊娠母猪可引起流产，分泌物和流产胎儿散布病毒而传播本病。除猪以外，鼠类被认为是本病的第二位传播者。由于鼠类经常进入猪舍、饲料库，死于本病的鼠如被其他动物吃食则造成传播。但野生动物在保毒和传播本病的问题上有些学者认为还缺乏确切的资料。例如大鼠对本病的抵抗力比绵羊大上千倍，但一旦被传染也是致死性的。没有被感染的鼠则未见产生抗体和传播本病，这些鼠仍然对本病易感。所以野大鼠被认为在本病的保毒和传播上无特殊重要性。除猪以外的其他经济价值大的家畜都对本病易感，绵羊、山羊、猫和狗感染本病都是致死性的，还未见有产生抗体的康复动物。牛也有同样的易感性，但已有极个别的母牛患病后康复的报告。牛和猪之间的传染由直接接触或通过污染物的传染是较常见的。如病猪的鼻分泌物接触牛的皮肤伤口而引起传染或污染了的猪残料把病传给牛。狗和猫的感染则多是由于吃了被污染的东西。

本病的潜伏期由于感染途径和动物种类不同而有所差异。一般潜伏期为 3d~6d，短的为 36h，长的可达 10d。临床症状为唾液增多、体温升高、精神委顿以及痉挛、呼吸困难、繁殖障碍、生长停滞、失重及高死亡率为主，其中临床表现随年龄不同有很大差异。

(三) 检测技术参考依据

1. 国外标准

WOAH 手册：Manual of Diagnostic Tests and Vaccines for Terrestrial Animals，Aujeszky's disease

2. 国内标准

(1)《伪狂犬病检疫技术规范》（SN/T 1698—2010）

(2)《猪伪狂犬病免疫酶试验方法》（NY/T 678—2003）

(3)《伪狂犬病诊断方法》（GB/T 18641—2018）

五、布氏杆菌病

(一) 疫病简述

布氏杆菌病（Brucellosis），又称布鲁氏菌病（Infection with brucella abortus），简称布病，是由布氏杆菌（*Brucella*）引起，以流产和发热为特征的人兽共患病。在家畜中最易感布氏杆菌的动物有牛、猪、山羊、绵羊和犬，其主要症状是母畜流产，公畜睾丸炎和副性腺炎。除感染多种家畜和野生动物，布氏杆菌也可感染人，特别是羊布氏杆菌对人的威胁最大，引起相似的临床症状和病理损伤，如睾丸炎或附睾炎、不育、生殖器官及胎膜发炎、流产、不孕、关节炎、气管炎及各种组织的局部病灶等，导致巨大的经济损失和严重的公共卫生问题。布氏杆菌病广泛分布于世界各地，常引起不同程度的流行，给畜牧业和人类健康带来严重危害，因此在布氏杆菌流行的国家（地区），消除布氏杆菌病一直是公共健康计划中最重要的目标之一。世界卫生组织（WHO）布氏杆菌病专家委员会根据布氏杆菌宿主差异、生化反应特点及菌体表面的不同结构，把布氏杆菌分为 7 个生物种 21 个生物型，即羊布氏杆菌（$B.\ melitensis$）含 3 个型、牛布氏杆菌（$B.\ abortus$）含 9 个型、猪布氏杆菌（$B.\ suis$）含 5 个型、沙林鼠布氏杆菌（$B.\ neotomae$）、绵羊附睾种布氏杆菌（$B.\ ovis$）、犬布氏杆菌（$B.\ canis$）和海洋哺乳动物布氏杆菌，在我国流行的主要是羊、牛和猪 3 种布氏杆菌，其中以羊布氏杆菌更多见。自然状态下布氏杆菌有粗糙型（Rough，R）和光滑型（Smooth，S）2 种，S 型细菌细胞壁中含有 O 链的脂多糖（LPS），而 R 型布氏杆菌 LPS 中的 O 链缺失。LPS 是刺激机体产生抗体的主要有效成分，而 O 链在血清学诊断中起着重要的作用。

（二）病原特征

布氏杆菌为球杆菌或短杆菌，其中羊布氏杆菌为球杆状，牛、猪布氏杆菌为短杆状，大小为（0.6~1.5）μm×（0.5~0.7）μm，无鞭毛，一般无荚膜、不能产生芽孢，革兰氏染色阴性，不呈两极浓染。细菌涂片呈密集菌丛，成对或单个排列且短链较少，姬姆萨染色呈红色。各种生物型菌株之间，形态及染色特性等方面无明显差异。本菌为需氧或兼性厌氧菌，在普通培养基上可生长，以在肝汤和马铃薯培养基上生长最好。最适 pH 值为 6.6~7.4，最适培养温度为 36℃~37℃。牛种菌和绵羊附睾种菌初分离时需要 10%二氧化碳（CO_2）环境。菌落为无色透明、圆形、表面光滑和隆起、均质，菌落中央常有细小颗粒。在肉汤等液体培养基中生长，不形成菌膜，液体均匀混浊。羊种菌生长不需要 CO_2，在蛋白胨培养基上不产生硫化氢（H_2S），在碱性品红和硫堇存在时能生长。光滑型菌株以 M 抗原为主。牛种菌生长需要 5%~10%的 CO_2，产生中等量的 H_2S（个别株不产生）。多数在碱性品红存在时生长，但被硫堇所抑制，以 M 抗原为主。猪种菌生长需要氧，产生大量 H_2S（个别株不产生），能在硫堇存在下生长，通常受碱性品红所抑制。光滑型菌株通常与 A 单相血清凝集（不同生物型间有差异）。沙林鼠种菌生长不需要 CO_2，产生 H_2S，在硫堇存在下生

长，被品红抑制，有 A 表面抗原。绵羊附睾种菌生长需要 5% ~ 10% 的
CO_2，不产生 H_2S，在硫堇和品红存在下能生长，属粗糙型布氏杆菌，不
与 A、M 单因子血清凝集，与粗糙型血清凝集。犬种菌生长不需 CO_2，不
产生 H_2S，在硫堇存在下生长，但被品红所抑制，初代分离为粗糙型或黏
液型菌，不与 A、M 单因子血清凝集，与粗糙型血清凝集。布氏杆菌的抗
原成分复杂，1932 年 Wilson 和 Miles 提出光滑型布氏杆菌有 M 和 A 两种抗
原成分，后来有的学者从血清学上证明牛种菌所含的两种成分比为 M：A =
1：20，羊种菌为 M：A = 20：1，猪种菌介于中间，粗糙型菌株不含 M 和
A 抗原。布氏杆菌对各种物理和化学因子比较敏感。巴氏消毒法可以杀灭
该菌，70℃ 10min 也可杀死，高压消毒瞬间即亡。对寒冷的抵抗力较强，
低温下可存活一个月左右。该菌对消毒剂较敏感，2%来苏儿 3min 之内即
可杀死。该菌在自然界的生存力受气温、湿度、酸碱度影响较大，pH 值
7.0 及低温下存活时间较长。

作为一种主要的人兽共患病，布氏杆菌病广泛地不同程度地存在于世
界各地，除人和羊、牛、猪最易感染外，其他动物如鹿、骆驼、马、犬、
猫、狼、兔、猴、鸡、鸭及一些啮齿动物等都可自然感染。被感染的人或
动物，一部分呈现临床症状，大部分为隐性感染而带菌，成为传染源。在
各种动物中，羊、牛、猪是布氏杆菌病的主要传染源，母畜较公畜易感，
成年家畜较幼畜易感，羊、牛、猪 3 种型布氏杆菌均能感染人，以羊种菌
最严重，猪种次之，牛种最轻。病畜和带菌动物是本病的传染源，受感染
的妊娠母畜是最危险的传染源，其在流产或分娩时将大量布氏杆菌随胎
儿、胎衣、羊水排出体外，污染周围环境。流产后的阴道分泌物及乳汁中
均含有布氏杆菌。感染后患睾丸炎的公畜精液中也有布氏杆菌的存在。本
病呈地方性流行，新疫区常使大批妊娠动物流产，老疫区流产减少，但关
节炎、子宫内膜炎、胎衣不下、屡配不孕、睾丸炎等逐渐增多。本病的主
要传播途径是消化道，但也会经皮肤、结膜感染。通过交配在公畜和母畜
之间可相互感染，在我国猪布氏杆菌病主要通过此途径传播。此外本病还
可经吸血昆虫的叮咬而传播。动物感染布氏杆菌后都有一个菌血症的阶
段，但病菌很快定位于它所适应的脏器或组织中，不定期地随乳汁、精
液、脓汁，特别是从母畜流产胎儿、胎衣、羊水、子宫和阴道分泌物中排
出体外。因此，如果消毒及防护不当极易造成环境污染，扩大传播面积。

本病多见于牧区,一年四季均可发生,但有明显的季节性。如羊布氏杆菌病春季开始发生,夏季为高峰期,秋季下降,而牛布氏杆菌病夏秋季发病率稍高。据各种布氏杆菌病的分布率分析证明,气候、地理条件及与之相关的放牧方式与本病的发生有直接的关系。如在植物繁茂的温带以牛种菌布病为多,而在地中海地区植被贫瘠,以养羊为主的相同地带则以羊种菌感染为多。

牛布氏杆菌病潜伏期为 2 周至 6 个月,一般为 30d。妊娠母牛的主要表现是流产,流产一般发生于妊娠后的 6~8 个月,已经流产过的母牛如果再流产,一般比第一次流产时间要迟。流产前 2d~3d 出现分娩预兆征候,如阴道和阴唇潮红、肿胀,从阴道流出淡红色透明无臭的分泌物。流产后多数伴发胎衣不下,阴道内继续排出污灰色或棕红色液体,有时恶臭,亦可发生子宫内膜炎及卵巢囊肿而长期不孕。排出的胎衣呈淡黄色胶冻样浸润,有些部位覆有纤维蛋白絮状物和脓汁。流产的胎儿胃特别是第 Ⅳ 胃中有淡黄色或白色黏液性絮状物。公牛可发生睾丸炎和附睾炎,急性病例睾丸肿痛可能伴有中度发热、食欲不振、精液中常含有大量布氏杆菌,慢性期病例精液排菌量减少,常呈间歇性排菌,有的牛可持续排菌数年,这类病牛常见关节炎、滑液囊炎、淋巴结炎或脓肿。绵羊和山羊常见流产和乳房炎,流产发生于妊娠后的 3~4 个月。母山羊常连续发生 2~3 次流产。公山羊生殖道感染则发生睾丸炎。有的病羊出现跛行、咳嗽。绵羊附睾种布氏杆菌感染其症状局限于附睾,常引起附睾肿大和硬结。非怀孕母羊也可感染,但一般是一过性的。怀孕母羊易感染,常发生胎盘炎,引起流产和死胎。猪最明显的症状是流产,出现暂时性或永久性不育、睾丸炎、跛行、后肢麻痹、脊椎炎,偶尔发生子宫炎、后肢或其他部位出现溃疡。猪感染布病常呈隐性经过,少数猪呈现典型症状,表现为流产、不孕、睾丸炎、后肢麻痹及跛行,短暂发热或无热,很少发生死亡,流产可发生于任何孕期,由于猪的各个胎儿的胎衣互不相连,胎衣和胎儿受侵害的程度及时期并不相同,因此,流产胎儿可能只有一部分死亡,并且死亡时间也不同。在怀孕后期(接近预产期)流产时,所产的仔猪可能有完全健康者,也有虚弱者和不同时期死亡者,并且阴道常流出黏性红色分泌物,经 8d~10d 虽可自愈,但排菌时间却较长,须经 30d 以上才能停止。公猪发生睾丸炎时,呈一侧性或两侧性睾丸肿胀、硬固、有热痛,病程长,后期睾丸萎缩，失去配种能力。犬布病多为隐性感染，以不发热、体表淋巴结轻度肿大为特征，少数出现发热。感染布病的母犬，妊娠 40d~50d 发生流产、产死胎和排出绿褐色恶露。公犬常发生单侧或双侧睾丸炎、睾丸萎缩、附睾炎、前列腺炎及淋巴结炎。其他动物如马可感染布氏杆菌的各个种，尤其对牛种菌和猪种菌最易感。病马常发生脓性滑液囊炎，常见"马肩瘘管"或"马颈背疮"，骆驼患病出现散发性流产。

动物感染布氏杆菌后，机体出现免疫生物学应答，如凝集抗体的产生，调理吞噬反应等。在此基础上出现的抗体在补体存在的情况下可杀灭病菌。动物感染过程中，由于抗原的刺激可产生下列能用血清学诊断方法查出的抗体：17S 和 19S 凝集素、补体结合抗体和沉淀素，这对布氏杆菌病的诊断和防治具有重要的意义。

(三) 检测技术参考依据

1. 国外标准

WOAH 手册：Manual of Diagnostic Tests and Vaccines for Terrestrial Animals，Bovine brucellosis，Ovine epididymitis（Brucella ovis），Caprine and ovine brucellosis（excluding Brucella ovis），Porcine brucellosis

2. 国内标准

(1)《布氏杆菌检疫技术规范》（SN/T 1088—2010）

(2)《动物布氏杆菌病控制技术规范》（NY/T 907—2004）

六、牛结核病

(一) 疫病简述

牛结核病（Bovine tuberculosis）是由牛分枝杆菌引起的一种慢性传染病。在很多国家（地区）仍然是牛和其他家畜以及某些野生动物的主要传染病，人类因消费牛奶、奶制品、肉等原因与牛接触较其他动物更为密切，据报道世界上结核病人中约有 15% 是通过饮用了结核病牛的奶而生病的。因此，牛结核病具有重要的公共卫生学意义，国际上规定从 1996 年起每年的 3 月 24 日为世界防治结核病日。

(二) 病原特征

牛结核病的病原为分枝杆菌属（*Mycobacterium*）的牛分枝杆菌（*My-*

cobacterium bovis, M. bovis)。分枝杆菌属包括结核分枝杆菌（M. tuberculosis），牛型分枝杆菌（M. bovis），禽型分枝杆菌（M. avium）等。该菌为专性需氧菌，对营养有严格的要求，最适 pH 值为 6.4~7.0，最适温度为 37℃~37.5℃，在 30℃~34℃ 可生长；低于 30℃ 或高于 42℃ 均不生长。在添加特殊营养物质的培养基上才能生长，但生长缓慢，特别是初代培养，一般需 10d~30d 才能看到菌落。菌落粗糙、隆起、不透明、边缘不整齐，呈颗粒、结节或花菜状，乳白色或米黄色。在液体培养基中，因菌落含类脂而具疏水性，形成浮于液面而有皱褶的菌膜。常用的培养基为罗杰二氏培养基、改良罗杰二氏培养基、丙酮酸培养基和小川培养基。

结核分枝杆菌对湿热抵抗力弱，60℃ 30min 即失去活性。但分枝杆菌因富含类脂和蜡脂，对外界环境的抵抗力较强，3℃ 条件下可存活 6~12 个月，即使是盛夏，也能在粪便中存活 2d~3d。在干燥的痰液中可存活 6~8个月，在冰点下能存活 4~5 个月，在污水中可保持活力 11~15 个月。该菌对紫外线敏感，波长 265nm 的紫外线杀菌力最强，直射日光在 2h 内可被杀死。一般的消毒药作用不大，对 4%NaOH、3%HCl、6%H_2SO_4 有抵抗力，15min 不受影响。对 1：75000 的结晶紫或 1：13000 的孔雀绿有抵抗力，加在培养基中可抑制杂菌生长。对常用的磺胺类及多种抗生素药物不敏感，对链霉素、异烟肼、利福平、环丝氨酸、乙胺丁醇、卡那霉素、对氨基水杨酸敏感，但长期应用上述药物治疗结核病易产生抗药菌株。

1. 分布

牛结核病在世界各大洲均有报道。已经消灭该病的国家有：欧洲的丹麦、比利时、挪威、德国、荷兰、瑞典、芬兰、卢森堡；北美洲的美国、加拿大；大洋洲的澳大利亚。已经控制该病的国家有：亚洲的日本；欧洲的英国、法国。我国很早就有结核病的记载，与人的结核病呈平行关系，特别是在 20 世纪 50~60 年代的 20 年间，我国牛结核病一直呈缓慢上升的趋势。20 世纪 70 年代，随着奶牛业的不断发展，奶牛养殖业规模的不断扩大，牛结核病的流行也达到了历史的最高峰，个别地区检出阳性率高达 67.4%。虽然 80 年代牛结核病的流行有所缓和，但感染率仍然比较高，20 世纪 90 年代中后期，随着畜牧业的发展，特别是牲畜流动和交易频繁等因素，奶牛结核病疫情又呈上升趋势。目前，全球每年约有结核牛 5000 万头，直接经济损失约 30 亿元。

2. 流行病学

（1）传染源：结核病患畜是本病的传染源，特别是通过各种途径向外排菌的开放性结核病患畜。

（2）传播途径：该病常通过空气传播，也可以通过摄食污染的饲料、饮水等而经消化道传播。患结核病的牛咳嗽时，可将带菌飞沫排于空气中，人和牛及其他动物吸入即可感染。另外，病畜、病禽的排泄物也可带菌，养殖场如果对其管理不善，这些排泄物可能再度污染水源、流入田地，从而感染人和其他动物。食用带菌的乳汁或乳制品是人感染牛分枝杆菌的主要途径。因为患病奶牛的乳汁中带有大量牛分枝杆菌，从健康牛挤出的乳汁也可能通过牛舍中的飞沫和尘埃而被结核分枝杆菌所污染。如果饮用未经消毒或消毒不彻底的污染乳汁也会感染结核病。随着牛奶在人正常饮食中比重的加大，人的结核病发病率也在上升，流行病学调查显示二者呈明显的相关性。

（3）易感动物：虽然认为牛是牛结核分枝杆菌的真正宿主，但所有家畜和非家畜的许多种动物都有该病的报道。已从水牛、非洲水牛、绵羊、山羊、马、骆驼、猪、鹿、羚羊、狗、猫、狐狸、水貂、獾、雪貂、老鼠、猿、美洲驼、捻角羚属、非洲旋角大羚羊、貘、麋、大象、捻角羚属、非洲直角大羚羊、曲角羚羊、犀牛、负鼠、地松鼠、水獭、海豹、野兔、鼹鼠和许多其他肉食猫科动物包括狮子、老虎、豹和山猫中分离到病菌。

流行特点：本病无季节流行性，一年四季均可发生，在农村以散发为主，规模化养牛场以区域性流行为主。

临床症状：潜伏期一般为10d~45d，有的可长达数月或数年。轻度感染者，可能不出现临床症状。而重度感染者的特征为渐进性消瘦、淋巴结增大、咳嗽。特征性结核病变常见于肺、咽喉、支气管、纵膈淋巴结；病变也常见于肠系膜淋巴结、肝、脾、浆膜及其他器官。

（三）检测技术参考依据

1. 国外标准

（1）欧盟指令：Council Decision Introducing a Supplementary Community Measure for the Eradication of Brucellosis, Tuberculosis and Leucosis in Cattle（EU/EC 87/58/EEC—1986）

（2）WOAH 手册：Manual of Diagnostic Tests and Vaccines for Terrestrial Animals，Bovine tuberculosis

2. 国内标准

《动物结核病诊断技术》（GB/T 18645—2020）

七、副结核病

（一）疫病简述

副结核病（Paratuberculosis），又称约翰氏病（Johne's disease），是一种由副结核分枝杆菌（*Mycobacterium paratuberculosis*）引起的反刍动物的传染病。副结核分枝杆菌最先由 Johne 和 Frothingham 于 1895 年发现。副结核病首先在牛，随后在绵羊和山羊中发现，副结核病常见于家养和野生反刍动物，并呈世界性分布。在马、猪、鹿和羊驼中也曾有本病报道。自然条件下，本病在牛群中传播是由于牛从污染环境中食入副结核分枝杆菌而造成。动物一旦感染，本病可在饲养畜群中持续发生。感染母牛的奶或者是被病牛粪便污染的牛奶，仍是犊牛的一种潜在的感染源。本病的特征是病畜表现慢性卡他性肠炎，呈长期顽固性腹泻，致使畜体极度消瘦，肠黏膜增厚并形成皱褶。该病给畜牧业带来很大损失，在美国仅动物性食品方面的损失每年就可达到 2 亿~2.5 亿美元。

该病最初发现在各种家畜中，包括肉牛、奶牛、绵羊、山羊和鹿等反刍动物。近年来的调查表明野生动物在该病的流行过程中扮演着重要角色，目前已有包括野牛、驼鹿、野兔、狐狸以及灵长类动物如狒狒、猕猴等感染副结核分枝杆菌的报道。另外，副结核分枝杆菌还与人类的克罗恩氏病（Crohn's disease，CD）有潜在的联系，已有学者成功地从克罗恩氏病患者分离到副结核分枝杆菌。克罗恩氏病又称人末端回肠重症性肠炎，该病患者的临床症状与副结核病动物的相似。许多研究人员认为副结核分枝杆菌可能是克罗恩氏病的病原。奶牛患临床型副结核病时，会向奶中排出低浓度活的副结核分枝杆菌，每 50mL 奶中可含 50 个群落形成单位（cfu）。从英国市场上的奶样品中已发现副结核分枝杆菌 DNA，而且从市场销售的消毒牛奶样品也分离到活的副结核分枝杆菌。细菌培养结果表明，18 份奶样品中的 9 份 PCR 阳性样品和 36 份奶样品中的 6 份 PCR 阴性样品均培养出了副结核分枝杆菌。这说明现行牛奶消毒方法并不能完全杀灭牛奶中的副结核分枝杆菌。

牛副结核病广泛流行于世界，以奶牛业和肉牛业发达的国家（地区）受害最为严重。我国最早是 1955 年在内蒙古一牧场发现本病，此后本病又在黑龙江、辽宁、河北、贵州、山西、陕西、新疆等地区发生。副结核分枝杆菌主要引起牛（尤其是乳牛）发病，幼年牛最易感。牛感染副结核分枝杆菌后直到 2~5 岁时才会出现临床症状。其感染途径主要是经口感染。病变为小肠末端出现广泛性肉芽肿，从而导致吸收不良、进行性消瘦。病牛表现出慢性腹泻，体重迅速减轻，弥漫性水肿，奶产量和繁殖力下降。牛在亚临床感染阶段，排菌数较少；但在出现临床症状时，每天排出的粪便中含有大量副结核分枝杆菌。据估计，本病给美国养牛业每年造成的损失在 15 亿美元以上。除牛外，绵羊、山羊、骆驼等动物也可发病。本病是一种不易被人察觉的慢性传染病，平时不会造成突如其来的、引人注目的损失，但感染地区畜群的死亡率可达 2%~10%，严重感染群偶尔可升高至25%，而且此病很难从畜群中根除，其对养牛业所造成的损失往往超过某些传染病。

（二）病原特征

副结核分枝杆菌为长 0.5μm~1.5μm，宽 0.2μm~0.5μm 的革兰氏阳性菌，具抗酸染色的特性。病菌存在于肠黏膜感染部分、肠系膜淋巴结以及粪便中。在进行性病例，病菌可通过淋巴结屏障而进入其他器官。副结核分枝杆菌于 1913 年首次由 Twort 和 Ingrom 在人工培养基上培养出来。在培养基中加入一定量的甘油和非致病性抗酸菌的浸出液有利于其生长。本菌对酸碱度变化不敏感，在 pH 值 6.2~7.2 范围内生长最好。本菌在固体培养基上生长缓慢，在 38℃~39℃ 条件下经 6~8 周才能出现菌落，菌落是小的，分散的，呈灰白色；随着时间的延长而逐渐变大。在液体培养基中，如肝肉汤或血清肉汤中，本菌生长于液体表面，在 2~3 个月内呈薄而灰白，有皱纹的菌膜。副结核分枝杆菌对热和化学药品的抵抗力与结核菌相同，对外界环境的抵抗力较强，在污染的牧场、厩肥中可存活数月至一年，在牛乳和甘油盐水中可保存 10 个月。对湿热抵抗力不强，60℃ 30min 或 80℃ 1min~5min 可杀灭。

牛、绵羊、山羊、骆驼和鹿对该菌有易感性，尤其幼年牛最易感。病畜是本病的主要传染来源，不仅呈现明显临诊症状的开放性病畜，而且隐性期内的患畜也可向外排菌。病畜的排泄物，尤其是粪便内含有大量细菌。在一部分病例，病原菌可进入血流，因而可随乳汁和尿排出体外。怀孕母牛还可通过子宫传给胎儿。传播途径主要是动物采食了污染的饲料、饮水经消化道而感染。犊牛还可通过吸吮病牛乳汁感染，胎儿经胎盘也可以感染。动物患病后，病程的发展特别缓慢，从发病到死亡往往间隔较长的时间，虽然幼年牛对本病最为易感，但潜伏期长，可达 6~12 个月，甚至更长，一般在 2~5 岁时才表现出临诊症状，母牛在怀孕期、分娩期以及泌乳期易于出现临诊症状。本病呈散发性，有时也可呈地方性流行。

本病为典型的慢性传染病。病畜初期往往没有明显的症状，以后逐渐明显。最常见的症状有进行性消瘦、体重下降、骨骼肌萎缩、腹泻和进行性黏膜苍白。起初为间歇性腹泻，后变为经常性的顽固腹泻。对具有明显临诊症状的开放性病牛，细菌性检查阳性的病牛要及时扑杀处理；对变态反应阳性或血清学检测阳性牛要集中隔离，分批淘汰；对变态反应疑似牛，隔 15d~30d 检疫一次，连续三次呈疑似反应的牛应作阳性牛处理。被污染的牛舍、栏杆、饲槽、用具、绳索、运动场等，要用生石灰、来苏儿、苛性钠、漂白粉、石炭酸等消毒液进行喷雾、浸泡或冲洗。

（三）检测技术参考依据

1. 国外标准

WOAH 手册：Manual of Diagnostic Tests and Vaccines for Terrestrial Animals，Paratuberculosis（Johne's disease）

2. 国内标准

（1）《牛副结核病检疫技术规范》（SN/T 1084—2010）

（2）《副结核病诊断技术》（NY/T 539—2017）

八、Q 热

（一）疫病简述

Q 热（Q Fever）是一种由贝氏立克次氏体（Richettsia，Coxiella burnetii）引起的能使人和多种动物感染而产生发热的一种疾病。动物感染多为隐性经过，但妊娠牛、绵羊和山羊感染可引起流产。Q 热病原可通过病畜或其分泌物感染人类，引起人的发热、头痛、肌肉酸痛和呼吸道炎症。

1937 年 Derrick 在澳大利亚的昆士兰发现并首先描述此病，因当时原因不明，故称该病为 Q 热（"Q"是 Query 的第一个字母，意为疑问）。本病在全世界分布很广，随着对 Q 热研究的深入，许多原以为不存在本病的国家和地区，也相继发现 Q 热流行。目前，除斯堪的纳维亚半岛的一些国家及新西兰等尚无明确病例报告外，其他开展 Q 热血清学或病原学普查的地区均发现本病。我国 Q 热的发现和研究开始于 20 世纪 50 年代初。由于 Q 热在临床上无特别的症状和体征，因而与其他热性传染病难以鉴别，误诊率特别高，应引起足够重视。

贝氏立克次氏体遍及全球，有广泛的宿主，各种野生和家养哺乳动物、节肢动物和鸟类都可被其感染，其中多种啮齿动物、蜱、螨、飞禽，甚至爬行类还可以成为其贮存宿主，牛、绵羊、山羊、猪、马、犬、骆驼、鸡、鸽和鹅对 Q 热有自然易感性。在自然界中，该病可在野生动物及其体外寄生虫之间循环传播形成自然疫源地，而在家养反刍动物中则不依赖于野生动物的传播周期也能流行，与蜱无关的感染环节可见于家畜群中，尤其是牛。有些欧洲国家（地区）患不育症的畜群中有 80% 都含有本病原体。在蜱侵犯的地区，绵羊和山羊均具有特殊的危险性。这类反刍动物是人类和其他动物非常重要的传染源。感染动物可通过其乳汁、胎盘、分娩后的分泌物以及排泄物大量排出病原体。

由于贝氏立克次氏体在胎盘绒毛滋养层内增殖，因而胎盘和羊水中都含有大量的贝氏立克次氏体，在分娩过程中就会污染周围环境。健康动物通过直接接触或通过带毒乳汁或生殖道分泌物污染的饲料、饮水经消化道和呼吸道感染；感染蜱则通过叮咬感染动物的血液使病原在其体腔、消化道上皮细胞和唾液腺繁殖，在经过叮咬或排出病原经由破损的皮肤使健康动物感染。在蜱的组织和细胞中，贝氏立克次氏体密度非常高。在实验感染的蜱的粪便中，发现贝氏立克次氏体可高达 1010 个/克。常温下干粪中的贝氏立克次氏体至少可存活 1 年。自然界的贝氏立克次氏体主要存在于蜱和脊椎动物，特别是啮齿类动物中。贝氏立克次氏体有很强的抵抗力，很少受干旱、潮湿或高温等恶劣环境条件的影响，因此可严重污染尘土。干旱、大风与各种动物的排泄物污染尘土而造成的感染播散有明显的关系。人主要是在管理、诊治和动物产品加工过程中经消化道、呼吸道、损伤的皮肤等途径感染，也可通过摄入未经消毒的患病动物乳产品感染。

（二）病原特征

本病病原为贝氏立克次氏体，属立克次体群的柯克斯体属。Q 热立克次氏体一般为革兰氏阴性，但在某些条件下可呈阳性，其体积大小不等，长 0.4μm~1.0μm，直径为 0.2μm~0.4μm，能通过细菌滤器。贝氏立克次氏体的形态并非一致。用密度梯度离心法可分离到"小细胞变异体"（SCV）和"大细胞变异体"（LCV）。经胚卵繁殖后，SCV 和 LCV 这两种变异体又可分化成许多的 SCV 和 LCV。其超微结构彼此不同，前者为一种致密的、具有高电子密度的核状小体，在外膜下，可见到一个源于细胞质膜的复合内膜结构，其成分可能为肽聚糖的致密层；后者的体积较前者大，形态更多样，电子密度低。经胚卵传代后，可见到贝氏立克次氏体的第三种结构，在周围胞浆间隙里，有些 LCV 含有电子密集体，被认为是"内孢子样结构"。

Q 热立克次氏体也能在自然界生存，无须节肢动物作为媒介也能以飞沫方式传染，使人和动物发生感染。Q 热立克次氏体可在鸡胚卵黄囊和细胞培养物中繁殖，其在生长阶段存在抗原相变异。蜱在保存自然界的贝氏立克次体中似乎起着重要作用。无蜱地区，尽管人类 Q 热散发病例可以增加，但少见暴发。相反，在有蜱地区，Q 热则反复暴发，当地局部人群为散发，而易感人群包括新迁至该地区者则常趋于暴发。狗和猫（尤其是无主狗、猫）被蜱叮咬和吞食感染了病原体的胎盘膜或被其捕捉到的动物后就具有了传染性。立克次氏体可完整地通过这些动物的肠道，并通过粪便播散于广大地区。瑞士的两次血清流行病学调查发现，狗的立克次氏体抗体阳性率为 29% 和 45%。德国的调查发现，狗和猫的血清抗体阳性率分别为 13% 和 26%。野禽和家禽特别是鸽子和麻雀也有此种感染。人类感染立克次氏体并导致临床发病的最常见的入侵途径是吸入了感染的灰尘或气溶胶。摄入污染的食物（如未经消毒的奶汁）也可导致感染和血清抗体阳转，但临床上罕见显性发病。接触动物或其制品的人，如饲养员、兽医和屠宰场工人，很可能受到感染。

动物感染后多呈亚临床经过，但绵羊和山羊有时出现食欲不振、体重下降、产奶量减少和流产、死胎等现象；牛可出现不育和散在性流产。多数反刍动物感染后，该病原定居在乳腺、胎盘和子宫，随分娩和泌乳时大量排出。少数病例出现结膜炎、支气管肺炎、关节肿胀、乳房炎等症状。

人感染 Q 热贝氏立克次氏体可表现为亚临床型、急性型或慢性型，其临床表现多样。急性 Q 热表现为弛张热、畏寒、虚弱、出汗、头痛、肌肉酸痛，常伴有肺炎、肝炎等；慢性 Q 热表现为心内膜炎、肉芽肿性肝炎、骨髓炎等。

贝氏立克次氏体对外界的抵抗力很强，一旦发生疫情，应加强对疫源地的封锁。对鼠、蜱等宿主动物要加强杀灭，对感染区动物的皮毛应用环氧乙烷消毒。病原在 4℃ 的鲜肉中可存活 30d，在腌肉中至少存活 150d。奶煮沸 10min 以上可杀灭病原。0.5%~1.0%的来苏儿作用 3h 可杀灭病原。70%酒精在 10min 内可杀死立克次氏体。

（三）检测技术参考依据

1. 国外标准

WOAH 手册：Manual of Diagnostic Tests and Vaccines for Terrestrial Animals，Q Fever

2. 国内标准

《Q 热检疫技术规范》（SN/T 1087—2011）

九、钩端螺旋体病

（一）疫病简述

钩端螺旋体病（Leptospirosis）简称钩体病，又称外耳氏病（Weil's disease），是由致病性钩端螺旋体（Leptospira，简称钩体）引起的一种以发热、黄疸、血红蛋白尿和流产为主要症状的人兽共患病。德国医师 Weil 在 1886 年最早发现本病。钩端螺旋体病广泛分布于世界各地，目前主要发生在亚洲、非洲、中美洲、南美洲的一些国家（地区），欧洲、大洋洲及北美洲一些国家（地区）每年仍有散发病例。人主要是通过间接接触受带菌动物（野鼠、家畜等）尿液污染的水体、土壤而感染本病，但也可在畜牧养殖、屠宰、加工过程中直接接触病原体而被感染。

我国是受钩体病危害十分严重的国家，全国除新疆、甘肃、青海、宁夏外，其他省（自治区、直辖市）均发现有人和动物感染，其中以长江流域及其以南各地最为常见，自 1955 年本病被列入法定报告传染病以来，全国累计发病人数已超过 250 万人，平均病死率约为 1%。钩端螺旋体的动物宿主非常广泛，几乎所有的温血动物都可感染，其中鼠类因生殖快、继代快而成为重要宿主和健康带菌者，起着终身带菌传播媒介的作用。我国南方的主要传染源是鼠类，北方则主要是猪。钩端螺旋体主要存在于宿主的肾脏当中，随尿排出体外造成环境污染。人在参加田间活动、防洪、捕鱼等接触污染水源时，钩体能穿过正常或破损的皮肤和黏膜，引起人体发病。人和家畜进食被病鼠排泄物污染的食物或饮水时，钩体可经消化道黏膜进入机体，也可经胎盘感染胎儿引起流产。此外，在菌血症期间钩体还可经吸血昆虫传播。本病在世界各地均有发生，尤其是在热带、亚热带地区多发；也有明显的季节性，一般夏、秋多雨，洪水泛滥的季节是流行高峰期。各种年龄的家畜均可感染，但以幼畜为多。

（二）病原特征

本病的病原是钩端螺旋体，钩端螺旋体属螺旋体目，形态呈细长丝状，螺旋整齐而致密，一端或两端弯曲如钩，中央有一根轴丝，用姬姆萨染色法，在暗视野中观察，呈细小的珠链状。革兰氏染色阴性，不易着染。Fontana 镀银染色呈棕褐色。

钩端螺旋体在水田、池塘、沼泽及淤泥中可存活数周至数月，对干燥、热、日光直射的抵抗力均较弱，56℃ 10min 或者 60℃ 10s 即可杀死，对常用消毒剂如 0.5%来苏儿、0.1%石炭酸、1%漂白粉等敏感，10min～30min 可杀死，对青霉素、金霉素等抗生素也敏感。但本菌对低温有强的抵抗力，在-70℃下可以保持毒力数年。各种动物感染钩端螺旋体后的临床症状不尽相同，总体呈现传染率高，发病率低的规律。猪多为隐性感染，成年猪多无明显症状，仔猪病初体温升高可达 41.5℃ 以上，结膜潮红，食欲不振，便秘；有的猪腹泻，尿呈红色；妊娠母猪常于产仔前 10d 左右流产，流产率高达 20%～70%，有的猪产弱仔或死胎。马带菌期可长达 210d，发病时体温上升，食欲减少或废绝，皮肤和黏膜黄染，血尿，孕马流产。有的马匹还可以引起周期性眼炎甚至失明。牛感染后少数发病，病牛体温上升，食欲减少，反刍停止，结膜黄染和贫血，血尿，血便，腹泻；怀孕母牛流产，奶牛产奶量下降，乳汁色红、黏稠。犬通常出现黄疸，眼结膜呈黄染，触诊肝和肾区有疼痛感。尿液呈微棕色，放置空气中呈绿色。人感染钩端螺旋体后通常表现为发热、头疼、乏力、呕吐、腹泻、淋巴结肿大、肌肉疼痛等，严重时可见咳血、肺出血、黄疸皮肤黏膜出血、败血症甚至休克。多数病例退热后可痊愈，如治疗不及时可引起死亡。

钩端螺旋体诊断根据流行病学、临床症状和病理变化，可作出初步诊断。确诊则需进行病原体检验和血清学反应检验。由于钩端螺旋体易于崩解、破坏而死亡，因此作病原学诊断时应采集新鲜病料样品，一般在体温升高时采血，离心后取上层血清在暗视野下用显微镜检查钩端螺旋体。病后期取尿液高速离心 2h，取沉淀物按上述镜检，亦可用脑脊髓直接在暗视野下镜检。细菌分离培养一般在培养基中加兔或绵羊血清和磷酸盐缓冲液，28℃内培养，7d～20d 内开始生长。动物接种豚鼠、幼犬和幼兔，要观察约 20d～30d，一般接种后 3 周发病。目前常用的血清学反应有凝集溶解试验，用已知抗原与被检血清凝集反应，在显微镜下观察。若血清稀释 1∶400 有阳性反应，则为阳性，若血清稀释到 1∶100～200，有阳性反应，为可疑。补体结合反应，效价 1∶10 为阳性反应。此外还有酶联免疫吸附试验、间接免疫荧光技术等方法进行检验。

(三) 检测技术参考依据

1. 国外标准

WOAH 手册：Manual of Diagnostic Tests and Vaccines for Terrestrial Animals，Leptospirosis

2. 国内标准

(1)《实验动物 钩端螺旋体检测方法》（GB/T 14926.46—2008）

(2)《出入境口岸钩端螺旋体病监测规程》（SN/T 1717—2006）

(3)《输入性啮齿类动物携带钩端螺旋体的检测方法》（SN/T 1487—2004）

(4)《钩端螺旋体病诊断标准》（WS 290—2008）

十、鹦鹉热（牛和绵羊衣原体病）

(一) 疫病简述

鹦鹉热衣原体（Chlamydia psittaci）属于衣原体目（Chlamydiales）衣原体科（Chlamydiaceae）衣原体属（*Chlamydia*）中的一种微生物，严格细胞内寄生。最初认为鹦鹉是该病原体的宿主而将其引起的疾病称为鹦鹉热（psittacosis），又名鸟疫（ornithosis）。

（二）病原特征

鹦鹉热衣原体为革兰氏阴性，光学显微镜下可见，比细菌小比病毒大，直径0.3μm、0.4μm。细胞壁的结构和成分与其他革兰氏阴性菌相似，但没有或有微量胞壁酸，细胞壁上有属特异脂多糖抗原。细胞质中有DNA和RNA，并有不完全的酶系统，在宿主细胞质的空泡内增生，具有特异性包涵体。衣原体的人工培养可通过鸡胚、乳鼠和组织培养等方法。此外也能在McCoy细胞、鼠L细胞、Hela细胞、Vero细胞、BHK-21细胞、BGM细胞、Chang氏人肝细胞内生长繁殖。将衣原体接种6~8日龄鸡胚卵黄囊中，36℃~37℃孵育5d~6d，鸡胚死亡。将衣原体感染的鸡胚卵黄囊保存于-70℃环境下，衣原体可存活10年以上。

鹦鹉热衣原体有独特的发育周期，具有原体（elementary body，EB）和网状体（reticulate body，RB）2个发育阶段。原体（感染相），存在于细胞外，形体较小，呈球形，直径0.2μm~0.4μm，姬姆萨氏染色呈紫色，马基维罗氏染色呈红色。原体不具有生物活性，但可以抵抗环境压力，可以在宿主体外存活。网状体，又称始体（initial body，IB），呈圆形或不规则形，结构疏松，直径0.7μm~1.5μm，姬姆萨氏染色和马基维罗氏染色均呈蓝色。网状体由原体进入细胞浆后发育增大形成，是衣原体新陈代谢活化的表现，可利用宿主细胞机能，通过二分裂方式反复分裂生成新一代原体，在宿主细胞浆内形成包涵体，此时无传染性。随宿主细胞破裂，存在于包涵体内的原体可从细胞浆内释放出来，再感染其他细胞，开始新的发育周期，整个发育周期需48h~72h。

鹦鹉衣原体可在牛、羊、猪以及众多禽鸟宿主动物中引起疾病。典型临床表现为高热恶寒、咳嗽和肺部浸润性病变等特征。一般症状类似感冒或呼吸道感染，并多见发生肺炎。患病的牛、羊、猪等易发生流产。

鹦鹉热衣原体对理化因素抵抗力不强。在70%酒精、2%来苏水、2%氢氧化钠、1%盐酸、3%过氧化氢及硝酸溶液中数分钟内可失去感染力。0.5%石炭酸、0.1%福尔马林于24h内可将其杀死。耐冷不耐热，56℃5min，37℃48h可灭活，但-70℃环境可存活数年。外界干燥的条件下可存活5周。在室温和日光下最多能存活6d，紫外线对衣原体有很强的杀灭作用。在水中可存活17d。四环素、氯霉素和红霉素等抗生素有抑制其繁殖作用。

（三）检测技术参考依据

1. 国外标准

无

2. 国内标准

《鹦鹉热检测技术规范》（SN/T 2846—2011）

第二节
牛　病

◇

一、牛结节性皮肤病

（一）疫病简述

结节性皮肤病（Lumpy skin disease，LSD），又称疙瘩皮肤病，是由病毒引起牛的一种以发热、皮肤和内部脏器黏膜发生局限性坚硬结节、消瘦、淋巴结肿大和皮肤水肿为特征的传染病，有时发生死亡。由于该病引起牛的生产性能下降，尤其是乳牛，并能损伤牛皮，因而对牛经济价值产生重大影响。本病于 1929 年首次发现于赞比亚，1943 年传入博茨瓦纳，然后传入南非，在南非感染超过 800 万头牛，造成严重的经济损失。1957年传入肯尼亚，同时发生绵羊痘，1970 年 LSD 从北部传入苏丹，到 1974年该病向西传到了尼日利亚，1977 年在毛里塔尼亚、马里、加纳和利比里亚也有该病报道。1981—1986 年，在坦桑尼亚、肯尼亚、津巴布韦、索马里和喀麦隆也发生过 LSD 流行，据报道其发病牛的死亡率为20%。1988 年埃及发生 LSD，1989 年以色列发生 LSD，以色列是通过实验室证实在非洲以外发生 LSD 的唯一个案，通过扑杀所有已感染和与其接触的牛群后将该病消灭。本病目前仅发生于非洲。LSD 是 WOAH 规定的通报疾病。

（二）病原特征

本病病原为结节性皮肤病病毒（Lumpy skin disease virus，LSDV），属

于痘病毒科（Poxviridae）山羊痘病毒属（*Capripoxvirus*）成员之一，其他两个成员为绵羊痘病毒（Sheeppox virus）和山羊痘病毒（Goatpox virus）。该病毒从抗原性上与引起绵羊和山羊的痘病毒无法区分。本病毒的代表株是 Neethling 株。LSDV 基因组为单分子的线状双股 DNA，病毒粒子的形态与痘病毒相似，长 350nm，宽 300nm，核衣壳为复合对称，有囊膜。于负染标本中，表面结构不规则，由复杂交织的网带状结构组成。病毒在胞浆内复制，以胞吞方式出芽释放病毒子，不裂解细胞。迄今分离的病毒株只有一个血清型。其理化特性与山羊痘病毒类似，可于 pH 值 6.6~6.8 环境中长期存活，在 4℃甘油盐水和组织培养液存活 4~6 个月，37℃ 5d 仍能存活。干燥病变中的病毒可存活 1 个月以上。本病毒耐冻融，置-20℃以下保存，可保持活力数年。对氯仿和乙醚敏感。

病毒可在鸡胚绒毛尿囊膜上增殖，并引起痘斑，但鸡胚不死亡。接种5 日龄鸡胚，随后置 33.5℃孵育，6d 后收毒，可获得很高的病毒量，对细胞培养物的感染滴度可达 104.5TCID$_{50}$。病毒可在犊牛、羔羊肾、睾丸、肾上腺和甲状腺等细胞培养物中生长。牛肾（BEK）和仓鼠肾（BHK-21）等传代细胞也适于病毒增殖。细胞病变产生较慢，通常在接种 10d 后才能看到细胞变性。提高生长液中乳白蛋白水解物含量至 2%，可使病变提前到接种后 3d 出现。感染细胞内出现胞浆内包涵体，用荧光抗体检查，可在包涵体内发现病毒抗原。已经适应于细胞培养物内生长的病毒，可在接种后 24h~48h 内使细胞培养物内出现长棱形细胞。病毒大多呈细胞结合性，应用超声波破坏细胞，可使病毒释放到细胞外。

1. 流行病学

本病的自然宿主是牛，牛不分年龄和性别，都对本病易感，绵羊和山羊也可能感染。家牛比瘤牛较为易感，亚洲水牛也易感。在家牛当中细皮Channel Island 品种发病严重，产乳牛则更危险。LSD 病毒不感染人类。病畜唾液、血液和结节内都有病毒的存在，病牛恢复后可带毒 3 周以上，所以一般认为本病的传播是由于健牛和病牛直接接触所致。吸血昆虫可能传播病毒，因为在各种蚊虫中能查出本病病毒，但是本病也可发生于昆虫极少的冬季。因此，本病的传播途径和方式，有待进一步阐明。

2. 临床症状

本病的潜伏期为 7d~14d，野外本病的潜伏期仍未知。病牛发热 4d~

12d 后在皮肤上出现很多结节（疙瘩），结节硬而突起，界限清楚，触摸有痛感，大小不等，直径一般为 2cm~3cm，少者 1~2 个，多者可达百余个。从发烧后第 11d，开始排出含有 LSD 病毒的排泄物。结节最先出现于头、颈、胸、背等部位，有时波及全身。严重病例，在牙床和颊内面常有肉芽肿性病变。结节可能完全坏死、破溃，但硬固的皮肤病变可能存在几个月甚至几年之久。病牛体表淋巴结肿大，发生鼻炎、结膜炎，胸下部、乳房和四肢常有水肿，产乳量下降，孕牛经常发生流产，公牛可能导致永久性或暂时性无生育能力。病牛还常表现呼吸困难、食欲不振、精神委顿、流涎，从鼻内流出黏脓性鼻液等症状。该病的发病率为 5%~45%，病死率不超过 1%，但犊牛可达 10%。LSD 临床的发病严重程度与病毒株和宿主有关，即使在同一品种的牛群中，在相同的条件下一起饲养，所表现的临床症状差异较大，有的大部分表现为亚临床型，有的发生高死亡率。

（三）检测技术参考依据

1. 国外标准

WOAH 手册：Manual of Diagnostic Tests and Vaccines for Terrestrial Animals，Lumpy skin disease

2. 国内标准

《牛结节性皮肤病诊断技术》（GB/T 39602—2020）

二、牛传染性胸膜肺炎

（一）疫病简述

牛传染性胸膜肺炎（Contagious bovine pleuropneumonia，CBPP），又称牛肺疫，是由丝状支原体丝状亚种引起的一种高度接触性传染病，以渗出性纤维素性肺炎和浆液纤维素性胸膜肺炎为特征，是一种特殊的传染性肺炎。本病曾在许多国家（地区）的牛群中发生并造成巨大损失。在非洲、拉丁美洲、大洋洲和亚洲还有一些国家（地区）存在本病。1949 年前，我国东北、内蒙古和西北一些地区时有本病发生和流行，由于成功研制出了有效的牛肺疫弱毒疫苗，再结合严格的综合性防制措施，我国已于 1996 年宣布在全国范围内消灭了此病。

（二）病原特征

本病病原体为丝状支原体，可呈球菌样、丝状、螺旋体与颗粒状。细胞的基本形状以球菌样为主，革兰氏染色阴性。在加有血清的肉汤琼脂可生长成典型菌落。支原体对外界环境因素抵抗力不强。暴露在空气中，特别在直射日光下，几小时即失去毒力。干燥、高温都可使其迅速死亡，但在病肺组织冻结状态，能保持毒力1年以上，培养物冻干可保存毒力数年，对化学消毒药抵抗力不强，对青霉素和磺胺类药物、龙胆紫则有抵抗力。

本病易感动物主要是牦牛、奶牛、黄牛、水牛、犏牛、驯鹿及羚羊。各种牛对本病的易感性，依其品种、生活方式及个体抵抗力不同而有区别，发病率为60%~70%，病死率为30%~50%，山羊、绵羊及骆驼在自然情况下不易感染，其他动物及人无易感性。主要传染源是病牛及带菌牛。据报道，病牛康复15个月甚至2~3年后还能感染健康牛。病原体主要由呼吸道随飞沫排出，也可由尿及乳汁排出，在产犊时还可由子宫渗出物中排出。自然感染主要传播途径是呼吸道。当传染源进入健康牛群时，咳出的飞沫首先被邻近牛只吸入而感染，再由新传染源逐渐扩散。通过被病牛尿液污染的饲料、干草，牛可经口感染。年龄、性别、季节和气候等因素对易感性无影响。饲养管理条件差、畜舍拥挤，也可以促进本病的流行。牛群中流行本病时，流行过程常拖延甚久。舍饲者一般在数周后病情逐渐明显，全群患病要经过数月。带菌牛进入易感牛群，常引起本病的急性暴发，后转为地方性流行。短则8d，长可达4个月。症状发展缓慢者，常是在清晨冷空气或冷饮刺激或运动时，发生短干咳嗽，初始咳嗽次数不多而逐渐增多，继之食欲减退，反刍迟缓，泌乳减少，此症状易被忽视。症状发展迅速者则以体温升高0.5℃~1℃开始。随病程发展，症状逐渐明显。按其经过可分为急性和慢性两型。

特征性病变主要在胸腔。典型病例是大理石样肺和浆液纤维素性胸膜肺炎。肺和胸膜的变化，按发生发展过程，分为初期、中期和后期三个阶段。初期病变以小叶性支气管肺炎为特征。肺炎灶充血、水肿，呈鲜红色或紫红色。中期呈浆液纤维素性胸膜肺炎，病肺肿大、增重，灰白色，多为一侧性，以右侧较多，多发生在膈叶，也有在心叶或尖叶者。切面有奇特的图案色彩，犹如多色的大理石，这种变化是由于肺实质呈不同时期的改变所致。肺间质水肿变宽，呈灰白色，淋巴管扩张，也可见到坏死灶。胸膜增厚，表面有纤维素性附着物，多数病例的胸腔内积有淡黄透明或混浊液体，多的可达10000mL~20000mL，内混有纤维素凝块或凝片。胸膜常见有出血，肥厚，并与肺病部粘连，肺膜表面有纤维素附着物，心包膜也有同样变化，心包内有积液，心肌脂肪变性。肝、脾、肾无特殊变化，胆囊肿大。后期，肺部病灶坏死，被结缔组织包围，有的坏死组织崩解（液化），形成脓腔或空洞，有的病灶完全瘢痕化。本病病变还可见腹膜炎、浆液性纤维性关节炎等。

（三）检测技术参考依据

1. 国外标准

WOAH 手册：Manual of Diagnostic Tests and Vaccines for Terrestrial Animals，Contagious bovine pleuropneumonia

2. 国内标准

（1）《牛传染性胸膜肺炎诊断技术》（GB/T 18649—2014）
（2）《进出境牛传染性胸膜肺炎检疫规程》（SN/T 2849—2011）

三、牛无浆体病

（一）疫病简述

牛无浆体病（Bovine Anaplasmosis），又称边虫病，是由无浆体寄生于牛红细胞内，引起发热、贫血、黄疸和渐进性消瘦，甚至死亡的一种疾病。

20 世纪初，Theiler 报道非洲牛红细胞内的一种小点状的生物体，该生物体能引起牛患急性传染性贫血。由于该生物体姬姆萨染色后，看不到细胞浆，也称这种没有细胞浆的生物体为无浆体（Anaplasma）。

（二）病原特征

无浆体属于立克次氏体目（Richettsiales）无浆体科（Anaplasmataceae）无浆体属（*Anaplasma*），是一类专性寄生于脊椎动物红细胞中的无固定形态的微生物。最初认为无浆体是原虫，但随后的研究表明，它们没有本属的重要特征。1957 年，无浆体被划归为立克次氏体目的无浆体科。无浆体属中具有致病性且研究最多的有 3 种：边缘无浆体（*Anaplasma marginale*）、中央无浆体（*A. centrale*）和绵羊无浆体（*A. ovis*）。在一些分离的边缘无浆体上可见附属物，这种微生物被命名为尾形无浆体（*A. caudatum*），但它不是一个独立的种。几乎所有暴发牛无浆体病的临诊病例都是由边缘无浆体引起的。牛感染中央无浆体可产生中度的贫血，但田间暴发的临诊病例很少。绵羊无浆体主要引起羊的无浆体病。

无浆体的主要表面蛋白有 6 种，分别为 MSP1a、MSP1b、MSP2、MSP3、MSP4、MSP5。MSP1a，MSP4 和 MSP5 由单基因编码，而 MSP1b，MSP2 和 MSP3 由多基因编码。编码 MSP4、MSP5 的基因序列保守。且已证实 MSP5 具有保护性免疫作用。

1. 临床症状

牛边缘无浆体病潜伏期较长，一般需 20d～80d，人工接种带虫的血液，其潜伏期为 7d～49d，故无浆体与巴贝斯虫混合感染时，其临床症状与病理变化常出现在巴贝斯虫病的末期或其病程结束之后。牛边缘无浆体病大多为急性经过，高热、贫血、黄疸为该病的主要症状，病初体温升高达 40℃～41.5℃，呈间歇热或稽留热型。病畜精神沉郁，食欲减退，肠蠕动和反刍迟缓，大便正常或便秘，有时下痢，粪便呈金黄色，无血尿；眼睑、咽喉和颈部发生水肿；流泪，流涎；体表淋巴结稍肿大；有时发生瘤胃膨胀；全身肌肉震颤。因牛边缘无浆体可引起自身免疫抗体，故能造成自身免疫性溶血而发生高度贫血。贫血多出现在红细胞染虫率达到高峰后 1d～3d，但有时出现于只有临诊症状而血液中尚不能发现无浆体的病例中。病畜的皮肤、乳房和可视黏膜十分苍白，尤其显著的是眼结膜呈瓷白色，并有轻度黄疸现象。有时在乳房皮肤上出现针头大的出血点。

中央无浆体致病性弱，牛感染后影响较小。绵羊和山羊的无浆体病常呈亚临诊型，但有一些病例，特别是山羊，可呈严重的贫血症状，其临诊症状与牛的临床症状相似。当山羊患有并发症时，此种严重反应最为常见。羔羊实验性病例的症状为：发热，便秘或腹泻，苍白，结膜黄染，在接种后 15d～20d 发生严重的贫血，贫血在 3～4 个月不能恢复。

2. 传播媒介

研究发现有 14 种不同的蜱能实验传播边缘无浆体。它们是：波斯锐缘蜱（Argas persicus）、拉合尔钝缘蜱（Ornithodoros lahorensis）、环型牛蜱（Boophilus annulatus）、消色牛蜱（B. decoloratus）、微小牛蜱（B. microplus）、白染革蜱（Dermacentor albipictus）、安氏革蜱（D. Andersoni）、西方革蜱（D. occidentalis）、变异革蜱（D. variabilis）、凿洞璃眼蜱（Hyalomma excavatum）、篦子硬蜱（Ixodes ricinus）、囊形扇头蜱（Rhipicephalus bursa）、

血红扇头蜱（R. sanguineus）和拟态扇头蜱（R. simus）。推测囊形扇头蜱、凿洞璃眼蜱、拉合尔钝缘蜱还不能完全认定是无浆体的传播媒介。另外，埃沃茨氏扇头蜱（Rhipicephalus evertsi）和赤足璃眼蜱（Hyalomma rufipes）在南非已列为可试验传播媒介。雄蜱作为传播媒介尤其重要。能实验传播并不暗示着在自然传播中的作用。然而，微小牛蜱属在澳大利亚、非洲等地已证实是无浆体重要的传播媒介。微小牛蜱对病原的传播是发育阶段性传播。有些革蜱在美国也是有效的传播媒介。在传播方式上，有 3 种途径：

（1）发育阶段性传播，这种传播方式是指蜱在吸入病原后，病原在蜱体内随着蜱的发育有一段发育的过程。这包括 3 种可能性，幼蜱感染，若蜱传播病原；若蜱感染，成蜱传播病原；幼蜱感染，成蜱传播病原。

（2）间歇性吸血传播，指蜱在已感染的动物体上吸血后，转移到健康动物上继续吸血时传播病原。

（3）经卵传播，指雌性成蜱吸血后产卵，经孵化后直接传播病原。

各种叮咬性节肢动物也可以进行机械传播，特别是在美国。实验证实，原虻属的许多种虻、鳞蚊属的蚊可传播该病。叮咬昆虫在自然传播无浆体的重要性还没有被证实。似乎地区与地区有很大的差异。在注射其他疫苗时，如果使用不洁针头或不是一针注射一头动物，也可能传递边缘无浆体。未消毒的外科器械也能引起相似传播。经胎盘垂直感染也有报道。

中央无浆体主要的生物传播媒介是多宿主蜱，在非洲包括拟态扇头蜱。而普通牛蜱（微小牛蜱）不是传播媒介。因此，在微小牛蜱流行地区使用中央无浆体作为疫苗是恰当的。

我国西北广大养羊区有 3 种硬蜱为绵羊边虫的媒介蜱。甘肃和宁夏为草原革蜱（Dermacentor nuttalli），内蒙古西部地区为亚东璃眼蜱（Hyalomma asiaticum kozlovi）和短小扇头蜱（Rhipicephalus pumilio）。试验证明，上述 3 种蜱对绵羊边虫都不能经卵传递，也不产生发育阶段性传播，唯一的传播方式为蜱成虫间歇性吸血传播。

3. 易感动物

无浆体的易感动物有黄牛、奶牛、水牛、鹿、绵羊、山羊等反刍动物。发病动物和病愈后动物（带毒者）是该病的主要传染源。无浆体病多发于夏季和秋季。由于传播媒介蜱的活动具有季节性，故该病 6 月出现，8~10 月达到高峰，11 月尚有个别病例发生。各种不同年龄、品种的易感动物有不同的易感性。年龄越大致病性越高，幼畜易感性较低，但用带虫的血液作人工接种时，常能引起发病。本地家畜和幼畜常呈隐性感染而成为带虫者，成为易感动物的感染源。母畜能通过血液和初乳将免疫力传给仔畜，使初生仔畜对该病有抵抗力。3 种无浆体都不感染家兔、海猪、小鼠、猫和狗等试验动物。

4. 分布

边缘无浆体主要分布于热带、亚热带国家和一些气候温和的地区。如非洲、南美洲、中美洲、北美洲、地中海沿岸、巴尔干半岛、中亚地区、印度、东南亚地区、朝鲜半岛和澳大利亚北部均有分布。在中国主要见于广东、广西、湖南、湖北、江西、江苏、四川、云南、贵州、河南、山东、河北、上海、甘肃、北京、吉林、黑龙江、新疆等地。

中央无浆体于 1911 年首次在南非分离到，此后，澳大利亚、南美、东南亚和中东的一些国家（地区）引进中央无浆体，用于生产预防边缘无浆体的活疫苗。李树清等从分子水平上证明中央无浆体也存在于我国。

绵羊无浆体发现于非洲、法国、西班牙、土耳其、叙利亚、伊拉克、伊朗、中亚地区、俄罗斯和美国。中国的甘肃、青海、宁夏、新疆、陕西北部和内蒙古西部均有分布。

（三）检测技术参考依据

1. 国外标准

WOAH 手册：Manual of Diagnostic Tests and Vaccines for Terrestrial Animals，Bovine Anaplasmosis

2. 国内标准

（1）《牛无浆体病快速凝集检测方法》（GB/T 18651—2002）

（2）《牛无浆体病检疫技术规范》（SN/T 2021—2007）

四、牛生殖道弯曲杆菌病

（一）疫病简述

牛生殖道弯曲杆菌病（Bovine genital campylobacteriosis），过去也称作弧菌病，是一种由胎儿弯曲杆菌（Campylobacter fetus）引起的以不孕、早期胚胎死亡和流产为特征的牛的性传染病。除牛外，绵羊也感染此病。母牛感染后呈生殖道炎症、不妊、胚胎早期死亡，孕牛后期流产，流产率为5%~20%。公牛感染后带菌，成为传染源。该病给养牛业造成了严重的经济损失。1959年首次分离出该病的病原菌，近年来，国内外从动物和人类分离到弯曲菌的报道日益增多，在许多国家（地区）有较高的发病率，且与人类疾病密切相关，因此已作为重要的人兽共患病而引起广泛重视。

（二）病原特征

胎儿弯曲杆菌在1959年由Florent发现，由于形态的缘故，和弧菌同属一类，在当时被称为 *Vibrofetus*。由于在DNA中G+C的含量极低，mole%大约是33~36。所以在1974年 *Campylobacter* spp. 自成一属，而 *Vibro fetus* 从此也被更正为 *Campylobacter fetus*。在弯曲菌属（*Campylobacter*）细菌中，引起动物和人类疾病的主要是胎儿弯曲菌（*C. fetus*）和空肠弯曲菌（*C. jejuni*）两个种，前者又分为两个亚种：即胎儿弯曲菌胎儿亚种（*C. fetus subsp. fetus*）和胎儿弯曲菌性病亚种（*C. fetus subsp. venerealis*）。牛生殖道弯曲杆菌病是由对牛生殖系统有较强寄生性的胎儿弯曲菌性病亚种引起的。在牛的肠道中经常发现胎儿亚种，它的致病作用较小，能引起散发性流产。

弯曲菌为革兰氏阴性的细长弯曲杆菌，大小为（0.2~0.5）μm×（0.5~5.0）μm，呈弧形、S形或海鸥形。在老龄培养物中呈螺旋状长丝或圆球形，运动力活泼，无芽孢。一端或两端着生单根无鞘鞭毛，长度为菌体的2~3倍。弯曲菌为微需氧菌，在含10% CO_2 的环境中生长良好。37℃生长，15℃不生长。不发酵也不氧化碳水化合物，生长不需要血清或血液，但于培养基内添加血液、血清，有利于初代培养。对1%牛胆汁有耐受性，这一特性可利用于纯菌分离。不水解尿素，此点可与螺旋杆菌相鉴别。吲哚、甲基红和VP试验阴性，还原硝酸盐。无脂酶活性，氧化酶阳性。不产生色素。弯曲菌对干燥、阳光和一般消毒药敏感。58℃加热5min即死亡。在干草、厩肥和土壤中，于20℃~27℃可存活10d，于6℃可存活20d。在冷冻精液（-79℃）内仍可存活。弯曲菌的抗原结构较复杂，已知的有O、H和K抗原。

胎儿弯曲菌性病亚种，菌体两端尖，大小为（0.2~0.3）μm×（1.5~5.0）μm，在老龄培养物中可长成疏松弯曲螺旋杆菌的丝状体，尤其是琼脂板上的老龄培养物可呈球形或类球状体。微需氧，最佳微需氧条件为

$5\%O_2$、$10\%CO_2$和$85\%N_2$的混合气体环境。最适生长温度37℃，25℃生长，42℃一般不生长。最适 pH 值为 7.0。营养要求较高，培养常用血培养基和布氏培养基。初次分离在琼脂培养基上可生长成光滑型、雕花玻璃型、粗糙型及黏液型菌落。最常见的是光滑型，直径为 0.5mm。无色而略呈半透明。在血琼脂上不溶血。在肉汤中呈轻度均匀浑浊，在麦康凯琼脂上生长微弱。不还原亚硒酸盐。根据是否含有热稳定的菌体表面抗原及 S层蛋白，性病亚种血清型为 A 型。本菌抵抗力不强，易为干燥、直射阳光及弱消毒剂等所杀死。对多种抗生素敏感。

1. 流行病学

病原的传播主要发生在自然交配期间，隐性带菌公牛精液中的胎儿弯曲杆菌通过人工授精增加了该病传播的危险。健康带菌公牛的包皮是该病原菌的自然贮存宿主。胎儿弯曲杆菌性病亚种引起牛的不育和流产，存在于生殖道、流产胎盘及胎儿组织中，不能在肠道内繁殖，其感染途径是交配或人工授精。本菌只感染牛，迄今未见有人感染的报道。

患病动物和带菌者是传染源。母牛通过交配感染胎儿弯曲菌后 1 周，即可从子宫颈—阴道黏液中分离到病菌，感染后 3~4 周，菌数最多。多数感染牛群经过 3~6 个月后，母牛有自愈趋势，细菌阳性培养数减少，公牛与有病母牛交配后，可在数月之内将病菌传给其他母牛。

2. 临诊症状

母牛在交配感染后，病菌一般在 10d~14d 侵入子宫和输卵管中，并在其中繁殖，引起发炎。母牛感染初期，阴道为卡他性炎症，黏液分泌增多，有时可持续 3~4 个月，阴道黏膜潮红。黏液常清澈，偶尔稍混浊。同时还有子宫内膜炎，特别是子宫颈部分，但临诊上不易确诊。孕母牛早期胚胎死亡，不断虚情，发情周期不规则或延长，多次授精才能怀孕。成年病母牛表现为亚急性或慢性型，或间歇性不孕。牛经第一次感染获得痊愈后，对再感染一般具有抵抗力，即使与带菌公牛交配，仍能受孕。

有些怀孕母牛的胎儿死亡较迟，则发生流产。流产多发生于怀孕的第 5~6 个月。流产率约 5%~20%。早期流产，胎膜常随之排出，如发生于怀孕的第 5 个月以后，往往有胎衣滞留现象。胎盘的病理变化最常为水肿，胎儿的病变与在布鲁氏菌病所见者相似。

公牛一般没有明显的临诊症状，精液也正常，至多在包皮黏膜上发生暂时性潮红，但精液和包皮可带菌。

（三）检测技术参考依据

1. 国外标准

WOAH 手册：Manual of Diagnostic Tests and Vaccines for Terrestrial Animals，Bovine genital campylobacteriosis

2. 国内标准

《牛生殖道弯曲杆菌病检疫技术规范》（SN/T 1086—2011）

五、牛传染性鼻气管炎/传染性脓疱性阴户阴道炎

（一）疫病简述

牛传染性鼻气管炎/传染性脓疱性阴户阴道炎（Infectious bovine rhinotracheitis/Infectious pustular vulvovaginitis，IBR/IPV）是由牛疱疹病毒 1 型（Bovine herpesvirus1，BHV1）引起的家牛和野生牛的一种急性、热性、接触性传染病，以高热、呼吸困难、鼻炎、窦炎和上呼吸道炎症为特征。还能引起母牛流产和死胎、肠炎和小牛脑炎，有时发生眼结膜炎和角膜炎。本病为世界性分布，是造成养牛业经济损失的主要原因之一。

（二）病原特征

疱疹病毒 1 型在分类上属于疱疹病毒科的甲疱疹病毒亚科痘病毒属的一个成员。BHV1 系有囊膜的双股 DNA 病毒，病毒粒子呈球形，直径约为 150nm~200nm。核衣壳为 20 面体，有 162 个壳粒，周围为一层含脂质的囊膜。基因组全长 13.3Kb，其鸟嘌呤和胞嘧啶（G+C）的含量为 72.3%。病毒对乙醚和酸敏感，于 pH 值 7.0 的溶液中很稳定，4℃下经 30d 保存，其感染滴度几乎无变化。22℃保存 5d，感染滴度下降，-70℃保存的病毒，可存活数年。许多消毒药都可使其灭活。病毒粒子表面的糖蛋白在致病和免疫方面起重要作用。

根据 DNA 限制性酶分析的差异，BHV1 可区分为 3 个亚型：亚型 1、亚型 2a（类 IBR）和亚型 2b（类 IPV）病毒。亚型 2b 病毒的毒力小于亚型 1 病毒，然而 BHV1 只有一个抗原型。BHV1 能在来源于牛的多种细胞（如肾、胚胎皮肤、肾上腺、甲状腺、胰腺、睾丸、肺和淋巴等）和仓鼠肺细胞中增殖，也可在羔羊的肾、睾丸及山羊、马、猪和兔的肾细胞培养

物中增殖，但要经过一段人工适应过程。

1. 分布

本病于 1955 年最先发现于美国科罗拉多州的育肥菜牛，随后出现于洛杉矶和加利福尼亚等地。1956 年 Madin 等首次从患牛分离出病毒，之后相继于病牛的结膜、外阴、大脑和流产胎儿分离出病毒。1964 年 Huck 确认牛传染性鼻气管炎病毒（Infectious bovine rhinotracheitis virus，IBRV）属于疱疹病毒。随后各大洲都有发生 IBR 的报道，血清抗体检测表明，几乎所有国家的牛群都不同程度地检出 IBR 抗体。丹麦、瑞典、芬兰、瑞士、挪威和奥地利消灭了本病，一些国家（地区）也开始实施控制程序。我国于 20 世纪 80 年代发现了本病，并分离和鉴定了病毒。

2. 流行病学

（1）传染源：病牛和带毒牛是主要传染源，病牛康复后可长时间排毒。病毒通过鼻腔进入体内，在上呼吸道黏膜和扁桃体处复制到很高的滴度。它随后传播到眼结膜，并通过神经轴突的传送到达三叉神经节，偶尔发生低毒血症。生殖器感染后，BHV1 在阴道或包皮黏膜处复制并潜伏在骶神经节中。病毒的 DNA 可能在宿主的神经节的神经元中保持终身。应激因素，如运输和分娩可能使潜伏感染活化，因此，病毒可间歇性地被排到周围环境中。

（2）传播途径：本病可通过空气、媒介物及与病牛的直接接触而传播，但主要通过飞沫、交配和接触传播。BHV1 的最小感染剂量还不清楚，感染后 10d~14d 对鼻腔含病毒排泄物进行检测，每毫升鼻腔分泌物的最高滴度可达 $108~1010TCID_{50}$，空气传播 BHV1 很可能只有很短的距离，感染公牛的精液含有 BHV1，病毒可通过自然交配和人工授精传播。

（3）易感动物：本病主要感染牛，尤以肉用牛较为多见，其次是奶牛。肉用牛群的发病率有时高达 75%，其中又以 20~60 日龄的犊牛最为易感。本病毒能使山羊、猪和鹿感染发病。除哺乳动物外，没有其他 BHV1 贮存宿主。

（4）流行特征：动物感染病毒正常情况下在 7d~10d 内产生抗体应答和细胞免疫应答。免疫应答被认为可持续终生。然而，感染后的保护性免疫并非是终生的，牛可能再次被感染。母源抗体可以通过初乳传给新生犊牛，保护犊牛免于因 BHV1 引发疾病。母源抗体大约有 3 周的生物学半衰期，但在动物达 6 个月时偶尔还可检测到，超过此期限后则很难查到。本病在秋季、寒冷冬季较易流行，特别是舍饲的大群奶牛在过分拥挤、密切接触的条件下更易迅速传播。另外应激因素、社会因素、发情及分娩可能与本病发作有关。牛传染性鼻气管炎发病率视牛的个体及周围环境而异。

3. 临诊症状

呈现上呼吸道的临诊症状、从鼻腔排出黏液脓性分泌物以及结膜炎是本病的特征。病畜的一般症状是发烧、精神沉郁、食欲不振、流产和产奶量下降。病毒可以通过阴道传染，引起脓疱性阴户阴道炎和阴茎包皮炎。本病死亡率低，多数感染呈亚临床经过，继发细菌感染可导致更严重的呼吸道疾病。病的名称已经表明了疾病最突出的临诊症状，接种 2d ~ 4d 后，明显地呈现出鼻腔有大量的分泌物、多涎、体温增高、食欲不振和精神沉郁。几天之后，鼻腔和眼的分泌物变为脓性黏液，鼻腔的坏死性损伤可以进一步引起脓疱和伪膜覆盖的溃疡。伪膜可阻塞上呼吸道，导致用口呼吸。传染也可以引起流产，使产奶量下降。在采用自然交配的地方，阴道传染可导致脓疱性阴户阴道炎和龟头包皮炎。特征是阴道或阴茎包皮黏膜轻度至严重坏死损伤。用感染精液进行人工授精能引起子宫内膜炎。用 BHV1 感染犊牛，可引起全身性疾病，可见局灶性的内脏坏死性损伤，也可能出现明显的胃肠炎。许多感染牛呈亚临床经过。通常出现的脑膜脑炎是由相关病毒感染的结果，它是一种截然不同的疱疹病毒，最近提出是牛疱疹病毒 5 型（BHV5）。由 BHV1 引起疾病的轻度症状持续 5d ~ 10d，若继发细菌感染，如巴氏杆菌属感染，由于更深度的呼吸道被感染，可出现更严重的临诊症状。

（三）检测技术参考依据

1. 国外标准

WOAH 手册：Manual of Diagnostic Tests and Vaccines for Terrestrial Animals，Infectious bovine rhinotracheitis/Infectious pustular vulvovaginitis

2. 国内标准

（1）《牛传染性鼻气管炎检疫技术规程》（SN/T 1164.1—2011）

（2）《牛传染性鼻气管炎诊断技术》（NY/T 575—2019）

六、毛滴虫病

（一）疫病简述

毛滴虫病（Trichomonosis）是由寄生于牛生殖系统的三毛滴虫属的胎儿三毛滴虫引起的一种传染性与寄生虫性疾病。该病广泛分布于世界各地，引起牛尤其是奶牛流产和不育，曾带来严重的经济损失。随着人工授精技术的广泛应用，该病的流行已经大为减少。然而，在肉牛群中，或在人工授精技术尚未广泛应用的地方，该病仍十分严重。

（二）病原特征

胎儿三毛滴虫在分类上属毛滴虫目（Trichomonadida）毛滴虫科（Trichomonadidae），是一种有鞭毛、呈梨子状的真核原生动物。新鲜阴道分泌物中，毛滴虫呈梨形、纺锤形，混杂于上皮细胞与白细胞之间。姬氏染色标本中，长 $8\mu m \sim 18\mu m$、宽 $4\mu m \sim 9\mu m$。细胞前半部有核，核前有动基体，由动基体伸出鞭毛四根，前鞭毛三根，后鞭毛一根以波动膜与虫体相连，末端游离。体内有一轴柱，位于虫体前部，穿过虫体中线向后延伸，其末端突出于体后端，虫体呈活泼的蛇形运动，用相差或暗视野显微镜最好测定。病料放置时间过长，虫体缩短，近似圆形，不易辨认。虫体主要存在于母牛阴道和子宫内、公牛的包皮腔、阴茎黏膜和输精管等处，胎儿的胃和体腔内、胎盘和胎液中，均有大量虫体。虫体以黏液、黏膜碎片、红细胞等为食，经胞口摄入体内，或以内渗方式吸取营养。在牛的肠道内存在有非致病性的毛滴虫种，胎儿毛滴虫和从猪体内分离到的猪毛滴虫在形态和血清学上难以区分。毛滴虫对外界抵抗力较弱，对热敏感，但对冷的耐受性较强，大部分消毒药很容易杀灭该病原。胎儿毛滴虫可在体外培养，首选培养基为戴蒙德培养基、克劳森培养基和毛滴虫培养基，这些培养基可在市场上买到。目前在美国已开发出可以使毛滴虫生长且不必吸出培养液直接进行检查的培养基。

该病原体有三个血清型，分别是贝尔法斯特型、曼利型和布里斯班型，都具有同等的致病力。病原体在 5℃ 或者冷冻保存的纯精液或稀释精液中均能存活。

1. 分布

呈世界性分布。贝尔法斯特株主要发生于欧洲、非洲和美国；布里斯班株主要发生于澳大利亚；仅有少量发病是由曼利株引起的。在北美已分离出其他虫株，但尚未进行定型。

2. 生活史

毛滴虫主要寄生在母牛的阴道和子宫，以及公牛的包皮鞘内。母牛怀孕后寄生于胎儿的第四胃内以及胎盘和胎液中。虫体以纵二分裂方式进行繁殖，未观察到有性繁殖形式及包囊。通过交配传播；在人工授精时则因精液中带虫或人工授精器械的污染而造成传染。

3. 流行病学

（1）感染源。发病动物和带虫动物为主要的传染源。公牛感染后，发生黏液脓性包皮炎，在包皮黏膜上出现粟粒大的小结节，排黏液，有痛感，不愿交配。随着病情的发展，由急性炎症转为慢性，症状消失，但仍带虫，成为传染的主要来源。公牛是主要的保虫宿主，成为长期携带者，但许多母牛能自愈。正是由于这种原因，来自公牛的样品通常作为疾病的诊断或控制效果的参考样品。

（2）传播途径。该病主要经交媾传播，人工授精或产科检查用具消毒不彻底也可以间接传播。

（3）易感动物。牛生殖道毛滴虫病是由鞭毛原生动物胎儿三毛滴虫引起的一种疾病。牛是胎儿三毛滴虫的自然宿主，猪、马、獐也可能是它的自然宿主。

4. 临床症状

成年奶牛感染后最初 3d~6d 阴门及阴道前庭黏膜水肿。1~2 周，前庭黏膜鲜红，表面有许多小红斑点和结节，而后变成充满淡黄色液体的疱，破溃后形成糜烂、溃疡。随后，生殖道开始有浑浊或脓性分泌物排出，渗出物逐渐减少。奶牛患该病后，阴部发痒，常举尾、摇尾，在栏柱上或其他物体上摩擦外阴部，频频做排尿姿势。主要表现为阴道炎、子宫颈炎及子宫内膜炎。当发生脓性子宫内膜炎时，患牛体温升高、泌乳量下降、食欲减退。成群不发情、不妊娠或妊娠后 1~3 个月流产。某些病例尽管发生传染，但不出现流产，妊娠继续并生下足月正常犊牛，感染该病的牛群会出现不规则的发情、子宫脱垂、子宫积脓和早期流产。母牛一般在感染或流产后，至少在哺乳期康复，并具有免疫性。公牛感染主要发生在包皮腔，感染后极少或根本不出现临诊反应，4~5 岁的公牛感染后不能自行康复，并成为永久性传染源，3 岁以下公牛可能为一过性感染。公牛感染毛滴虫数量很少，主要集中在穹部和阴茎头周围，慢性感染无可见病变。

（三）检测技术参考依据

1. 国外标准

WOAH 手册：Manualof Diagnostic Tests and Vaccinesfor Terrestrial Animals，Trichomonosis

2. 国内标准

（1）《牛毛滴虫病诊断技术》（NY/T 1471—2017）

（2）《牛胎儿毛滴虫检验方法》（SN/T 2694—2010）

七、赤羽病

（一）疫病简述

赤羽病（Akabane disease）又名阿卡斑病，是由赤羽病病毒引起牛羊的一种多型性传染病，以流产、早产、死胎、胎儿畸形、木乃伊胎、新生胎儿发生关节弯曲和积水性无脑综合征（AH 综合征）为特征。赤羽病病毒为嗜神经性病毒，可引起多种动物感染，一般不表现体温反应和临诊症状。可通过多种病原检查或血清检查对该病进行诊断，目前还未有有效的治疗手段。

（二）病原特征

赤羽病病毒为布尼病毒科布尼病毒属辛波病毒群。病毒表面的糖蛋白突起不明显。不耐热，对乙醚、氯仿、酸（pH3）敏感。不能过 50nm 滤膜。病毒含有负链单股 RNA，并含有 3 个核衣壳。核衣壳由大量的核衣壳蛋白和少量的大蛋白分别包裹大、中、小 3 种 RNA 而成。分子量（300～400）×10^6，沉淀系数 350S～475S，密度（CsCl）1.2g/mLd。在高浓度 Nacl 和 pH 值 6.1 条件下，可凝集鸽、鸭和鹅的红细胞，但不能凝集人、牛、羊、豚鼠及 1 日龄雏鸡的红细胞。

本病毒为嗜神经性病毒，乳鼠对该病毒易感性最高，接种后可出现神经病变。在迄今分离到的赤羽病病毒株中，尚未发现有不同血清型的存在。

本病可引起多种动物感染，除耕牛、乳牛和肉牛易感外，日本、澳大利亚等国还从马、羊、猪、驼和猴等动物体内分离出赤羽病病毒。因为本病主要通过吸血昆虫传播，故有明显的季节性和地区性。尽管本病的发生具有季节性和地区性，但同一头母牛连续两年生产异常胎儿的几乎没有。在同一地区连续两年发生的极少，即使发生感染头数也很少。

动物感染后，一般不表现体温反应和临床症状。孕牛偶尔可见由羊水过多而引起腹部膨大。特征性表现是妊娠牛异常分娩，多发生于怀孕 7 个月以上或接近妊娠期满的牛。感染初期胎龄越大的胎儿早产发生的越多。中期因体形异常如胎儿关节、脊柱弯曲等而发生难产。即使顺产，新生犊牛也不能站立。后期多产出无生活能力的犊牛或瞎眼的犊牛。绵羊在怀孕 1~2 个月内感染本病毒后，可产生畸形羊羔，如关节弯曲、脊柱 S 状弯曲等。

因被感染动物一般不表现临诊症状，所以亦无明显病理变化。

病理组织学变化以流行初期胎儿的非化脓性脑脊髓炎为特征，可见脑血管周围淋巴样细胞聚集，神经细胞变性以及出现多数神经胶质细胞聚集的嗜神经现象。流行中期的异常胎儿表现为脊髓复角神经细胞显著变性、消失；肌纤维变性、变细、体积缩小或断裂、纤维间质增宽变疏，间质脂肪组织增生并见出血和水肿，此种变化称为萎缩性肌肉发育不良。流行后期的异常胎儿可见中枢神经系统出现囊腔及血管壁增存，尤其脑室积水表现突出。

(三) 检测技术参考依据

1. 国外标准

无

2. 国内标准

(1)《赤羽病检疫技术规范》(SN/T 1128—2007)

(2)《牛羊赤羽病病毒环介导等温扩增检测方法》 (SN/T 4824—2017)

(3)《赤羽病细胞微量中和试验方法》(NY/T 549—2002)

八、牛疱疹病毒病

(一) 疫病简述

牛疱疹病毒病 (Bovine herpes virus disease) 现已蔓延至世界各地。该病多为牛的隐性感染，合并其他病原后，可能使临诊症状加剧。该病流行无明显的季节性，且表现多样化，给诊断和治疗带来较大困难，对养牛业构成严重威胁。非洲水牛是其自然宿主，病畜及带毒病畜为主要传染源。除血清学资料显示外，DewalsB 等证明了牛疱疹病毒 4 型（BHV4）的 Bo17 基因是从 1500 万年前的非洲水牛遗传而来的，揭示了 BHV4 是通过物种间的杂交到后来才传递给牛的。

（二）病原特征

BHV4 病毒基因组为 1446kb 的双股线形 DNA 分子，具有约 108kb 的长独特区（LUR），为编码序列，两侧末端连接有富含 G+C 碱基的串联重复 DNA 序列，称为多聚重复 DNA（pr-DNA），是一个 1.5kb～3kb 大小的连续拷贝。pr-DNA 的拷贝数在线性基因组各自的末端是不同的，但每个基因组的平均拷贝数约 15 个。LUR 和 pr-DNA 之间有一连接区，右边几乎是保持不变的；而左边连接区加上一段 pr-DNA 在 BHV4 各毒株间是可变的，可作为分类的参考。除 pr-DNA 和连接区的短片段在 BHV4 毒株间存在较大差异外，还有 4 个较长片段的变异定位在基因组的 6bp～34bp（左边末尾），211bp～225bp，864bp～881bp 和 962bp～984bp（右边末尾），1 个基因组单位的变化总长度不超过 1kb。这些变异为毒株间的分型提供依据。

据报道，该病不仅能从不同种的反刍动物（如牛、羊），也从非反刍动物（如患尿结石病的猫）身上分离到，从狮子和枭猴中也零星地分离到 BHV4。反刍动物的疱疹病毒感染肉食动物是非常罕见的，而是什么导致如此迥异的组织嗜性，目前还没有完整的相关试验证明。该病通过直接接触和间接接触传播，接触病畜的分泌物、排泄物等可经消化道感染，呼吸道、眼结膜、子宫内均可感染，人工授精也是其传播的途径。牛感染该病后，自然条件下可不定期排出病毒。感染后主要呈隐性经过，但合并感染、应激因素、社会因素、发情以及分娩等可能与该病发作有关。

该病无论是试验感染还是自然感染，病毒的潜伏期约为接种后的 48d，可从试验感染牛的部分器官如鼻黏膜、气管、肺脏和脾脏中检出 BHV4 的 DNA，在淋巴结、扁桃体和胸腺中也能检测到少量的 DNA。一般情况下临诊症状较轻，如发热、呼吸困难、咳嗽、鼻炎、结膜炎、肺炎、上呼吸道炎症、皮肤病损、乳房皮炎、肠炎、产后子宫炎、慢性子宫炎等；另外，BHV4 还与流产相关，经常合并牛病毒性腹泻病毒（BVDV）感染。研究

4

发现睾丸炎中的BHV4也有通过精液传播的可能性。根据调查，重复繁殖的母牛BHV4的血清学阳性比例比同场其他母牛的阳性比例高得多，认为除生殖系统损害，重复繁殖也是BHV4感染的原因之一。该病感染多为隐性感染，合并其他病原感染后的临诊表现多样化，几乎不能通过临诊观察作出诊断，因此，必须依靠实验室检测进行确诊，如病毒的分离鉴定，血清学诊断，以及分子生物学检测。

该病一个重要特征是形成潜伏感染，病毒可在动物体内的潜伏位点长期甚至终身存留。当机体受到外界不利因素作用使机体抵抗力下降或生理机能障碍以及妊娠、分娩、哺乳时，潜伏病毒开始激活，虽然其再次激活可能很少引起临床症状，但该状态的病毒的活化将是最危险的传染源。所以，BHV4潜伏感染和长期排毒成为消灭和根除该病的主要难题。所有BHV4毒株都具有相近的抗原关系。中和抗体检测表明，BHV4毒株间有交叉中和能力，因此不能通过荧光抗体试验和特异性的抗血清中和试验区分。据报道，ELISA检测发现BHV1与BHV4之间存在交叉反应，但也有学者认为，这种交叉反应可能是混合感染所致。据免疫电泳检测，BHV1、BHV2、BHV4和猪疱疹病毒-1有两种抗原是共有的，而BHV1和BHV4共有另两种抗原。DubnissonJ等制备的抗BHV4单克隆抗体与BHV1或BHV2不发生反应，并证实了BHV4毒株间仅有微小的抗原差异。BHV4同牛的其他疱疹病毒没有相同的抗原成分，无血清交叉反应。对BHV4尚无特效疗法，但能抑制疱疹病毒的药物可能对该病毒有一定疗效。MachielsB等发现人血清能以天然补体依赖的方式中和BHV4，而该方式的激活是通过抗牛细胞表达的某种表位的天然抗体升高来实现的，这一发现可能为BHV4的治疗提供方向。

(三) 检测技术参考依据

无。

九、牛病毒性腹泻/黏膜病

(一) 疫病简述

牛病毒性腹泻（Bovine viral diarrhoea，BVD）是由牛病毒性腹泻病毒（Bovine viral diarrhoea virus，BVDV）引起的以发热、黏膜糜烂溃疡、

白细胞减少、腹泻、免疫耐受与持续感染、免疫抑制、先天性缺陷、咳嗽、怀孕母牛流产、产死胎或畸胎为主要特征的一种牛的病毒性、接触性传染病。该病呈世界性分布，广泛存在于欧美等各养牛业发达国家（地区）。长期以来，该病一直严重影响畜牧业的发展。同时，BVDV 还是牛源生物制品的常在污染源，给畜牧业的相关商业领域也造成了巨大的经济损失。

1946 年，Olafson 等在美国纽约州首先报道一种牛的疾病，其特征是消化道溃疡和下痢，称为病毒性腹泻。1953 年，Ramsey 和 Chiver 观察到了一种疾病，该病与病毒性腹泻具有相似的临床和病理综合征，并且整个消化道黏膜呈现严重糜烂和溃疡性变化，许多病牛死于出血性肠炎，命名为黏膜病。1959 年，Gillespie 和 Baker 鉴定了美国的两株病毒：纽约（New-York）株和印第安纳（Indiana）株，结果证明是同一个型的病毒。1960 年，Gillespie 等又分离到一个 OregenC24V 毒株，此毒株可在牛肾细胞上产生细胞病变，被定为标准毒，用于牛病毒性腹泻/黏膜病的血清学和病毒学研究以及实验诊断。随后在世界各地相继分离到许多病毒株。对上述所有毒株进行比较试验，结果证明：OregenC24V 毒株制备的抗血清可以中和美国和世界其他地区的各个分离株，这充分说明病毒性腹泻和黏膜病是同一种病毒引起的。1971 年，美国兽医协会将其统一命名为牛病毒性腹泻/黏膜病。

（二）病原特征

牛病毒性腹泻病毒，也称为牛病毒性腹泻/黏膜病病毒（Bovine viral diarrhea-mueosal disease virus，BVD-MDV），分类学上属黄病毒科（Flaviviridae）瘟病毒属（*Pestivirus*）成员，为瘟病毒属的代表病毒株，与猪瘟病毒（CSFV）和羊边界病病毒（BDV）密切相关。1991 年前 BVD-MDV 与猪瘟病毒及绵羊边界病病毒均属披膜病毒科瘟病毒属。随着分子生物学的兴起，在基因结构与基因表达方面，瘟病毒属更接近黄病毒科。1991 年，国际病毒分类委员会（ICTV）第五次报告中，将黄病毒属上升为科，并把瘟病毒属归为黄病毒科。

本病毒对乙醚、氯仿、胰酶等敏感，pH 值 3.0 以下易被破坏。在 56℃下即可灭活，$MgCl_2$ 不起保护作用，低温稳定，冻干−60℃～−70℃可保存 16 年之久。Coggins 测定病毒粒子在蔗糖密度梯度中的浮密度是

$1.13g/cm^3 \sim 1.14g/cm^3$，沉降系数为 $80s \sim 90s$。

BVDV 可在多种牛源传代细胞、原代细胞上生长，有些毒株可以引起细胞病变，病变主要表现为细胞变圆、核固缩到边缘、胞浆内出现大量空泡、脱落、呈网状。王新华等（2002）在病变轻微的新生犊牛睾丸细胞上证明，病毒主要是在胞浆中复制，通过变性内质网膜出芽成熟。大多数学者认为 BVDV 没有血凝性，但也曾有关于一些毒株能凝集恒河猴、猪、绵羊和雏鸡红细胞的报道。

根据病毒能否使细胞产生病变，把 BVDV 分成致细胞病变型（Cytopathicbiotype，CP）和非致细胞病变型（Non-cytopathicbiotype，NCP）两类。NCP 病毒在细胞培养中很少出现细胞病变，感染细胞一般表现正常；CP 病毒能引起细胞形成空泡，核固缩、溶解和死亡等。通常非致细胞病变生物型是在牛群中循环，每种生物型在不同临床症候群——急性、先天性和慢性感染中具有其特殊作用。根据病毒基因组 5′非编码区（5′UTR）的序列将 BVDV 分成 Ⅰ、Ⅱ 两个基因型，Ⅰ 型还可以进一步分为 Ia、Ib 和 Ic3 个亚型。BVDV-Ⅰ 普遍用于疫苗生产、诊断和研究，而 BVDV-Ⅱ 5′UTR 区缺乏 PstI 位点，且中和活性也不同于 BVDV-Ⅰ，在持续性感染牛、死于出血性综合征的急性 BVD 牛中主要分离到 BVDV-Ⅱ，临床上通常不出现两个基因型同时感染。

1. 流行病学

患病动物和带毒动物成为本病的主要传染源。动物感染可形成病毒血症，在急性期患病动物的分泌物、排泄物、血液和脾组织中均含有病毒，感染怀孕母牛的流产胎儿也可成为传染源。本病康复牛可带毒 6 个月，成为很重要的传染源。另外，牛血清、冷冻胚胎、精液中均可能有病毒存在。本病可以通过直接接触或间接接触传播，主要传播途径是消化道和呼吸道，也可通过胎盘垂直传播，妊娠 50d~150d 牛感染 BVDV，经胎盘感染胎儿，由于此时胎儿免疫系统还未健全而引起免疫耐受，出生即成为持续性感染牛，这些牛死亡率很高，幸存牛通过鼻涕、唾液、尿液、眼泪和乳汁不断排毒，可造成本病的传播。垂直传播在其流行病学和致病机理中起到重要作用。食用隐性感染动物的下脚料，或通过被病原体污染的饲料、饮水、工具等可以传播该病。猪群感染通常是通过接种被该病毒污染的猪瘟弱毒苗或伪狂犬病弱毒苗引起，也可以通过与牛接触或来往于猪场和牛场之间的交通工具传播而感染。

本病毒可感染多种动物，特别是偶蹄动物，如黄牛、水牛、牦牛、绵羊、山羊、猪、鹿等。小袋鼠及家兔在实验条件下也可人工感染。牛不论大小均可发病，发病牛多为 6~18 月龄。猪感染后以怀孕母猪及其所产仔猪的临床表现最明显，其他日龄猪多为隐性感染。

本病发生通常无季节性，常年均可发生，牛的自然病例常年均可发现，但以冬春季节多发。新疫区急性病例多，但通常不超过 5%，病死率达 90%~100%，老疫区急性病例很少，发病率和病死率低，但隐性感染率在 50% 以上。

2. 临床症状

根据疾病严重程度和病程长短，在临床上该病可分为牛黏膜病和慢性 BVD。即黏膜病型和病毒性腹泻型。BVDV 引起的牛黏膜病是最严重的致死性疾病综合征，临床症状为口腔糜烂、严重腹泻、脱水、白细胞减少和高热。慢性 BVD 的特征是发病几周至几月后出现间歇性腹泻，口鼻、趾间溃疡和消瘦。

（三）检测技术参考依据

1. 国外标准

WOAH 手册：Manual of Diagnostic Tests and Vaccines for Terrestrial Animals，Bovine viral diarrhoea

2. 国内标准

（1）《牛病毒性腹泻/黏膜病诊断技术规范》（GB/T 18637—2018）

（2）《牛病毒性腹泻/黏膜病检疫技术规范》（SN/T 1129—2015）

十、牛副流感病毒病

（一）疫病简述

牛副流感病毒 3 型（Bovine parainfluenza virus 3，BPIV3）是牛副流感病毒中的典型代表，属于单分子负链 RNA 病毒目（Mononegavirales）副黏病毒科（Paramyxoviridae）副黏病毒亚科（Paramyxovirinae）呼吸道病毒属（*Respirovirus*）的成员，是引起犊牛呼吸道疾病的主要病原之一。1959 年首次在美国牛体中分离到 BPIV3，同时在这些动物中查出了该病毒的抗体。

BPIV3 广泛流行于世界各地，在美洲、欧洲、亚洲各国（地区）均不断发生或流行。

（二）病原特征

研究表明牛传染性鼻气管炎病毒（IBRV）、BPIV3、牛病毒性腹泻病毒（BVDV）和牛呼吸道合胞体病毒（BRSV）是目前已知的引发牛呼吸道传染病的主要病毒性病原。2008 年，我国首次从病牛鼻拭子中分离出 BPIV3，并进行了全基因组序列测定，进化树分析表明该分离株为一新的基因型，定义为 BPIV3 基因 C 型。我国山东、黑龙江、辽宁和内蒙古等多个省份发生过严重的犊牛呼吸道疾病综合征，造成很大的经济损失。经流行病学调查和病原学检测，表明 BPIV3 在犊牛呼吸道疾病综合征中起重要作用。另外，南美的阿根廷及亚洲的韩国亦报道了 BPIV3 基因 C 型的存在。

牛感染 BPIV3 后的潜伏期一般为 2d~5d。病牛出现体温升高、食欲不振、精神萎靡等症状，体温最高可达 41℃ 以上，流泪、流鼻液、咳嗽，严重病例表现为呼吸困难，有的表现体温升高并且可从鼻腔排毒。随着病情的加重而继发细菌或支原体感染，如多杀性巴氏杆菌、溶血性曼氏杆菌、牛支原体感染等，从而引起严重的肺炎，导致呼吸道疾病综合征，致使死亡率大大增加。病理变化表现为：肺泡壁毛细血管扩张、淤血，肺泡腔内有少量红细胞散在，伴有少量浆液析出；气管黏膜层消失；淋巴小结内淋巴细胞有轻微减少，部分淋巴细胞出现凋亡；肝脏、脾脏、肾脏和心脏无明显病理变化。

（三）检测技术参考依据

1. 国外标准

无

2. 国内标准

《牛羊副流感病毒 3 型诊断技术》（GB/T 44613—2024）

第三节
猪　病

◇

一、非洲猪瘟

（一）疫病简述

非洲猪瘟（African swine fever，ASF）是由非洲猪瘟病毒（African swine fever virus，ASFV）引起的一种高度传染性、急性致死性传染病，发病急，病程短，死亡率极高，其临床症状和病理变化与猪瘟相似，全身各器官组织有明显的出血性变化，只有用实验室方法才能进行可靠的鉴别诊断。目前该病尚无有效的疫苗和药物进行防治，该病急性型发病率和死亡率几乎是 100%，1960 年以后出现的慢性型，死亡率也有到 20%～30%，是公认的养猪业最危险的传染病。

非洲猪瘟 1909 年在东非的肯尼亚首次于欧洲移民带来的家猪群中被发现后，从 1909 年到 1912 年共暴发了 15 次，死亡率达 98.9%。1933 年在南非西开普省的 1100 头猪中发生了非洲猪瘟，1957 年该病在葡萄牙发生，这是首次在非洲大陆外发生，对全球形成了威胁。1960 年传到了西班牙，1964 又在法国暴发，1967 年该病侵入意大利，此后 1978 年又相继在马耳他和撒丁岛发现。葡萄牙和西班牙于 1993 年、1995 年相继根除该病，但在撒丁岛还有流行。至今非洲猪瘟在欧洲及非洲的一些国家（地区）仍然时有发生。

2007 年以来，非洲猪瘟在全球多个国家（地区）发生、扩散、流行，特别是俄罗斯及其周边地区。2017 年 3 月，俄罗斯伊尔库茨克州发生非洲猪瘟疫情，疫情发生地距离我国较近。2018 年 8 月 2 日，经中国动物卫生与流行病学中心诊断，辽宁省沈阳市沈北新区沈北街道发生疑似非洲猪瘟疫情，并于 8 月 3 日确诊。

至今，仅发现猪和钝缘蜱属（*Ornithodoros*）可自然感染非洲猪瘟病毒。在非洲已多次从疣猪和丛林猪中分离到了非洲猪瘟病毒，但在野猪中传染时，并不呈现临床症状。除非洲之外，还发现其他野生猪科动物可感染非洲猪瘟病毒，如欧洲野猪和美国东南部野猪。西班牙有一个调查表明，因家猪接触野猪引起的非洲猪瘟暴发占 5.8%。现已证明，钝缘蜱可将非洲猪瘟病毒实验性地传播给健康易感猪，在疣猪洞穴里采集的毛白钝缘蜱或猪钝缘蜱猪亚种中分离到了非洲猪瘟病毒，并明确了病毒在蜱体内的生长期以及在交配和卵中的传播方式。毛白钝缘蜱具有生物媒介的一切特性，在蜱中能水平传播和垂直传播。但在疣猪中不能水平传播和垂直传播。通过食入感染组织传播病毒已被证实。现已确认，经带毒毛白钝缘蜱的叮咬可将病毒传给家猪。有研究曾对小白鼠、鼷鼠、兔、猫、犬、山羊、绵羊、牛、马和鸽子等动物人工感染均未成功。传播途径最主要通过消化道感染，被污染的饲料、饮水、饲养用具、猪舍等是该病传播的重要因素。现已查明，吸血昆虫、非洲的鸟软壁虱和隐嘴蜱是传播媒介，病猪各种分泌物、排泄物、各器官均含有病毒，是危险的传染源。

隐性感染带毒的野猪是该病的主要传染源。据报道在非洲，往往是由隐性带毒野猪，于夜间闯入猪舍偷食，而在家猪群中引起暴发流行。一旦非洲猪瘟发生于家猪，就会通过家猪之间的直接接触而传播。因为病毒在血液、尿和粪中非常稳定，所以通过人、车辆、生产工具机械传播病毒是完全可能的。研究表明，病毒在短距离内可以发生空气传播。该病的远距离传播几乎总是因为感染猪的转移或饲喂含有感染猪的组织残羹而引起。由于这种病毒能保留在经加工的猪肉制品中，所以国际航班、轮船上的泔水和剩余食物常可成为该病的传染源。最近几年暴发的非洲猪瘟，其猪场大多在机场、码头附近，由饲喂了航班上的泔水而引起。

（二）病原特征

非洲猪瘟病毒过去在分类上属虹彩病毒科的非洲猪瘟病毒属，原因是它们的形态相似，但是其 DNA 结构及复制方式则与痘病毒相似，因此从 1995 年起，国际病毒分类委员会（ICTV）第六次病毒分类报告将其归为痘病毒科的类非洲猪瘟病毒属，将其单列为非洲猪瘟病毒科，该科仅有非洲猪瘟病毒。该病毒具有囊膜，病毒粒子是正 20 面体对称，核心为 80nm，成熟的病毒粒子直径约为 175nm~200nm，基因组双链 DNA 分子，对特定的毒株基因组大小为 170kb~190kb，并且基因组末端有倒置重复序列。它是目前唯一的 DNA 虫媒病毒。至今还没有发现与非洲猪瘟病毒血清学相关的病毒。

非洲猪瘟病毒是一个很复杂的病毒。在细胞内病毒粒子中至少有 28 种结构蛋白和 100 种以上的病毒诱导蛋白被证实。其中至少有 50 种能与感染猪或康复猪的血清反应，40 种能与病毒粒子相结合。这些蛋白中如 VP73、VP54、VP30 和 VP12 有很好的抗原性。尽管还不清楚这些蛋白在诱导保护性免疫反应中所起的作用，但它们是很好的抗原，并被用于血清学诊断。

非洲猪瘟病毒主要在单核吞噬细胞系统的细胞内复制，病毒在巨噬细胞内生长后，能吸附红细胞，这种红细胞吸附现象可被病毒的免疫血清所抑制，红细胞吸附试验用于病毒的分型和诊断。在非洲已分出了几个血清型。根据限制性内切酶分析能将病毒分为不同的基因型。病毒能在鸡胚卵黄囊、猪骨髓组织和白细胞及 PK15、Vero、BHK-21 传代细胞内生长。初次分离病毒时，可用猪的白细胞和骨髓细胞培养，当适应后即可用一些传代细胞系。该病毒能在钝缘蜱中增殖，并使其成为主要的传播媒介。

病毒广泛分布于病猪体内各器官组织内、各种体液中，分泌物和排泄物都含有大量的病毒。血液内病毒室温下可存活数周，病料中室温干燥或冰冻下经数年不死；土壤中的病毒在 23℃下经 120d 仍可存活。

非洲猪瘟病毒在自然环境中抵抗力很强，从放在室温下 15 周的腐败血清中及放在 4℃18 个月到 6 年的血液中能分离到此病毒，还从加工后贮存了 5 个月的火腿和 6 个月的火腿骨髓中发现了非洲猪瘟病毒。暴发非洲猪瘟后全群扑杀的猪场，其栏舍中 3 个月后仍能发现病毒。病毒在低温下稳定，不耐高温，4℃保存在蛋白质存在的条件下，可存活数年，在室温中亦可存活数月。实验室应在 -70℃保存，-20℃保存时，2 年内按对数值逐渐灭活。60℃ 20min 内很快失去活性。56℃ 30min 无灭活作用。病毒对 pH 值的耐受幅度较广，对强碱有抵抗力，当有蛋白质存在时，病毒在 pH 值 13.4 可存活 7d。在 pH 值 4.0 以下也可存活几小时。病毒对脂溶剂、福尔马林和次氯酸钠都敏感。2% 苛性钠 24h 灭活。

（三）检测技术参考依据

1. 国外标准

（1）欧盟指令第 2002/60/EC 号指令《制定控制非洲猪瘟的规定》

（2）WOAH 手册：Manual of Diagnostic Tests and Vaccines for Terrestrial

Animals，African swine fever

2. 国内标准

（1）《非洲猪瘟诊断技术》（GB/T 18648—2020）

（2）《非洲猪瘟检疫技术规范》（SN/T 1559—2010）

二、猪瘟

（一）疫病简述

猪瘟（Swine fever，SF），又称猪霍乱（Hog cholera，HC）、烂肠瘟，欧洲称为古典猪瘟（Classical swine fever，CSF），是由猪瘟病毒引起的猪的急性、热性、败血性和高度接触性传染病。根据临诊症状可分为最急性、急性、亚急性、慢性、温和性、繁殖性、神经性 7 种。最急性型特征是发病急，高热稽留和全身性小点出血，脾梗死；急性型呈败血性变化，实质器官出血、坏死；亚急性和慢性型不但有不同程度的败血性变化，且发生纤维素性、坏死性肠炎；繁殖障碍型、温和型、神经型引起母猪带毒综合征，导致怀孕母猪流产、早产、产死胎、木乃伊胎、弱仔或新生仔猪先天性头部震颤和四肢颤抖等。本病是猪的一种最重要的传染病，往往给养猪业造成严重的经济损失。

猪瘟是起源于美国还是其他地方这一问题，仍未知。据报道，猪瘟样疫病最早报道于美国田纳西州，大约在 1810 年。后来大约在 1830 年的初期又在俄亥俄州暴发。猪瘟可能于 1822 年在法国、1833 在德国暴发，但有的报道认为该病首先于 1862 年发生在美国以外的英格兰，随后扩散到欧洲大陆。1899 年南美，1900 年南非报道了猪瘟。目前，本病在亚洲、非洲、中南美洲仍然不断发生，美国、加拿大、澳大利亚及欧洲若干国家（地区）已经消灭，但在欧洲某些国家（地区）近年来仍有再次发病的报道。猪瘟造成的经济损失是巨大的。

按照欧盟条例规定，只有来自法定无猪瘟状态（即在过去的 12 个月未暴发猪瘟和未注射过猪瘟疫苗、不存在免疫猪）的国家（地区）的猪和猪肉制品才能取得在欧盟内自由贸易的许可证。因此，依赖出境猪和猪肉制品的国家（地区），不进行防疫而又要防制猪瘟的发生困难很大。为此，比利时 1990 年暴发 113 次猪瘟时，因不能采取防疫只好销毁了 100 万头猪，直接经济损失达 2.7 亿美元。

本病在自然条件下只感染猪。不同品种、年龄、性别的猪均可感染发病，野猪亦可感染，而且与猪的年龄、性别、营养无关。人工实验证实，黄牛和绵羊接种病毒后，病毒在血液中可持续 2~4 周，有传染性，但无临床症状。

病猪和隐性感染的带毒猪为主要传染源。猪感染猪瘟病毒后 1d~2d，未出现临诊症状前即向外界排毒，病猪痊愈后仍可带毒和排毒 5~6 周。病猪的排泄物、分泌物和屠宰时的血、肉、内脏和废料、废水都含有大量病毒，被猪瘟病毒污染的饲料、饮水、物品、人员、环境等也是传染源。随意抛弃病死猪的肉尸、脏器或者病猪、隐性感染猪及其产品处理不当均可传播本病。带毒母猪产出的仔猪可持续排毒，也可成为传染源。猪场内的蚯蚓和猪体内的肺丝虫是自然界的保毒者，应引起重视。

猪瘟主要通过直接或间接接触方式传播。在自然条件下，病毒经口腔和鼻腔途径进入宿主。也可通过损伤的皮肤、眼结膜感染或伤口感染。病毒随病猪的分泌物和排泄物或污染的饲料和饮水进入机体。感染猪在潜伏期便可排出病毒。非易感动物和人可能是病毒的机械传递者。生猪的运输交易是传染猪瘟的普遍途径，特别长途运输过程大量接触，传播机会更多。

受高毒力的病毒感染后，在猪的血液和其他组织中可产生高滴度的病毒。然后在唾液中排出大量的病毒，尿和鼻、眼分泌物也排病毒，一直到死亡为止。如果病猪能耐过而存活，则排毒时间至形成抗体为止。妊娠母猪感染猪瘟后，病毒经胎盘垂自感染胎儿，产出弱仔、死胎、木乃伊胎等，分娩时排出大量病毒。如果这种先天感染的仔猪在出生时正常并存活几个月，它们便成为病毒散布的持续感染来源，这种持续的先天性感染对猪瘟的流行病学研究具有极其重要的意义。试验证明，母猪在妊娠 40 日龄感染则发生死胎、木乃伊胎和流产；70 日龄感染者所生的仔猪 45% 带毒，出生后出现先天性震颤，多于 1 周左右死亡；90 日龄感染者所生的仔猪可存活 2~11 个月，此种猪无明显症状但终身带毒、排毒，为猪瘟病毒的主要贮存宿主，有这些猪的存在即可形成猪瘟常发地区或猪场。

本病一年四季均可发生，一般以深秋、冬季、早春较为严重。急性暴发时，先是几头猪发病，突然死亡。继而病猪数量不断增加。多数呈急性经过并死亡，3 周后逐渐趋于低潮。病猪多呈亚急性或慢性，如无继发感染，少数慢性病猪在 1 个月左右恢复或死亡。流行终止。近年来猪瘟流行发生了变化，出现非典型猪瘟、温和型猪瘟，均呈散发性流行。发病特点不突出，临诊症状较轻或不明显，病死率低，无特征性病理变化，必须实验室诊断才能确诊。

（二）病原特征

猪瘟是由猪瘟病毒引起的。为避免与丙型肝炎病毒（Hepatitis C Virus，HCV）的缩写词 HCV 相混淆，用古典猪瘟病毒（Classical swine fever virus，CSFV）代替猪瘟病毒的趋势不断增加。猪瘟病毒属于黄病毒科（Flaviviridae）的瘟病毒属（Pestivirus）。由于其基因组、氨基酸序列以及蛋白质编码区的排列与披膜病毒有根本的不同且更似于黄病毒，故国际病毒分类委员会（ICTV）于 1991 年发表的第五次报告中已将猪瘟病毒归属为黄病毒科。这个属的成员还有在抗原性和结构上与猪瘟病毒密切相关的牛病毒性腹泻病毒（BVDV）和羊边界病毒（BDV）。病毒粒子呈圆形，有囊膜，直径为 38nm~44nm，有 20 面立体对称的核衣壳。核衣壳直径约为 29nm，病毒表面有 6nm~8nm 类似穗状的纤突。病毒浮密度为 $1.15g/cm^3$ ~ $1.16g/cm^3$（取决于梯物质和增殖用的细胞）。沉降系数为 140s~180s。核酸为单股 RNA，具有感染性。猪瘟病毒的基因组 RNA 为 12kb~13kb，大约编码 4000 个氨基酸。

猪瘟病毒对理化因素的抵抗力较强，血液中的病毒在 56℃ 60min、60℃ 10min 才能被灭活，但 64℃ 处理 60min 或 68℃ 30min 却不能破坏脱纤血中的 HCV。37℃ 可存活 10d，在室温能存活 2~5 个月。在冻肉中能存活 6 个月。冻干后在 4℃~6℃ 条件下可存活 1 年，-70℃ 可保存数年，其毒价不变。腐败的尸体、血液和尿中的病毒 2d~3d 可被灭活。日光直射 5h~9h 可被破坏，但在骨髓中的病毒能存活 2 个月，即使在腐败的情况下，仍能保持毒力达 15d 之久或更长。病毒在冷藏猪肉中可存活几个月，在结冻猪肉中存活时间可达数年之久。猪瘟病毒在按传统方法腌制加工的咸肉中至少可存活 27d。病毒在用浓度高达 17.4% 的盐腌制的火腿中尚能存活 102d。通过国际或地区贸易方式，可将猪瘟病毒引入无猪瘟的国家（地区）。敏感猪摄取未煮透的、污染的屠宰下脚料或厨房泔水后也能感染猪瘟病毒。

病毒在化学物质如苛性钠、漂白粉、煤酚等溶液中能很快使其灭活。2% 克辽林、2% 苛性钠、1% 次氯酸钠在室温条件下，经 30min 能杀死稀释

1%血液中的病毒。2%克辽林、3%苛性钠可杀死粪便中的病毒。但存在于以蛋白质为基质中的病毒则对升汞、甲醛、石炭酸等消毒药有较强的抵抗力。5%石炭酸不能杀死病毒，但可用于防腐。在病料（血液或组织）中加含有3%~5%石炭酸的50%甘油生理盐水，在室温可保存数周，适用于送检病料的防腐。

猪瘟病毒对乙醚、氯仿、去脂胆酸盐敏感，能使猪瘟病毒迅速灭活。病毒在pH值5.0~10.0条件下稳定，过酸或过碱均能使病毒灭活，迅速丧失其感染性。不能凝集任何动物的红细胞。猪瘟病毒能在猪源的原代细胞和传代细胞上生长。这些细胞包括骨髓、淋巴结、肺、白细胞、肾、睾丸、脾等组织细胞以及PK-15，IBRS-2等传代细胞，但不能使细胞产生病变。在不能使细胞产生病变的情况下，却能在细胞中长时间存活，并不断地复制。在猪源白细胞培养物内病毒至少可连续复制达2个月之久；在仔猪肾细胞上传75代，病毒仍然存活，每次换液，均可收获病毒。感染病毒的细胞，用电子显微镜观察，可见粗面内质网的膜距变宽，以至呈现空泡化，并能诱导产生簇状聚核糖体。因猪瘟病毒不能使细胞产生病变，通常用免疫荧光技术检查病毒在细胞内的复制。病毒抗原存在于细胞浆内，在接种后6h~8h即可检查出来。适应于细胞培养的病毒株，潜伏期短、毒价高。猪瘟病毒能在猪睾丸细胞上增强新城疫病毒的细胞病变，可用于检查猪瘟病毒是否增殖，在细胞上滴定猪瘟病毒和进行中和试验，称为END试验。然而，此法只能检查野毒，对兔化弱毒无效，也不是特异的。

猪瘟病毒没有型的区别，只有毒力强弱之分。目前仍认为本病毒为单一的血清型。自1976年以来，美国、法国、日本一些学者根据中和试验证明猪瘟病毒具有不同的血清学变异株，不能完全被特异性抗血清所中和。如美国的331株和法国分离的几株低毒力毒株，对猪的免疫力与弱毒疫苗株不同，通常不能产生完全的中和抗体。尽管已分离到不少变异性毒株，但都在一个血清型之内。具有重大意义的是毒力的差异，在强毒株和弱毒株或几乎无毒力的毒株之间，有各种逐渐过渡的毒株。在每次猪瘟流行过程中都可以见到这种毒力变化的毒株。但目前还没有找出毒力强弱的抗原标志。近年来已经证实本病毒与牛病毒性腹泻病病毒群有共同抗原性，既有血清学交叉，又有交叉保护作用。

（三）检测技术参考依据

1. 国外标准

（1）欧盟指令第 2001/89/EC 号指令《关于控制古典猪瘟的措施》

（2）WOAH 手册：Manual of Diagnostic Tests and Vaccines for Terrestrial Animals，Classical swine fever（Hog cholera）

2. 国内标准

（1）《猪瘟诊断技术》（GB 16551—2020）

（2）《古典猪瘟检疫规程》（SN/T 1379—2010）

三、猪水泡病

（一）疫病简述

猪水泡病（Swine vesicular disease，SVD）又名猪传染性水泡病，是由猪水泡病病毒（Swine vesicular disease virus，SVDV）引起的一种急性、热性、高度接触性传染病。其主要临床特征是流行性强，发病率高，在蹄部、口腔、鼻部、母猪的乳头周围皮肤和黏膜产生水泡，该症状不能与口蹄疫（FMD）、水泡性口炎（VS）和猪水泡疹（VES）相区别，但牛、羊等家畜不发生本病。

1966 年 10 月意大利的 Lombardy 地区发生了一种临诊上与口蹄疫难以区分的猪病，1968 年查明其病原为肠道病毒。进入 20 世纪 70 年代，亚洲的中国香港和日本，以及欧洲的许多国家和地区相继发生了这种疾病。1973 年，联合国粮农组织（FAO）召开的第 20 届会议和 WOAH 召开的第 41 届大会，确认了这是一种新病，定名为"猪水泡病"。该病主要集中在欧洲和亚洲。20 世纪 70 年代初期为流行的高峰时期，以后逐渐趋于缓和。到 80 年代末期只有个别暴发，但 90 年代似乎有重新抬头的趋势。2007 年 6 月，葡萄牙农业部向 WOAH 紧急报告，贝雅区（BEJA）的 1 家种猪场发生猪水泡病。涉及的易感动物有 1812 头猪，已全部销毁。SVD 造成的经济损失包括掉膘、发育停滞、延长育肥期（平均延长 20%）、母猪流产、仔猪死亡以及检疫和消毒等费用。若采取扑杀措施一次性损失更大，但有利于消除疫点。1972 至 1979 年，英国暴发了 446 次 SVD，仅屠宰的损失就近千万英镑。

SVD 是养猪业的一大病害也是 WOAH 疫病名录中重要动物传染病。国内外均要求任何水泡性疾病的发生都要上报国家兽医主管部门，并采取等同于 FMD 的防制措施。各国（地区）对生猪及猪肉产品的进出境检疫要求很严，因而 SVD 对国际贸易影响很大。另一方面，SVD 的暴发也不能排除使工作人员遭受感染的可能性。

SVD 潜伏期的活猪及猪肉产品和 SVD 病猪及猪肉产品是本病最主要的传染源，通过唾液、粪、尿、乳汁排出病毒。病畜的水泡皮、水泡液、血清、毒血症期所有的组织均含有大量病毒，是危险的传染源。牛和羊与受 SVDV 感染的猪混群后，可以从其口腔、乳汁和粪便中分离出 SVDV，而且羊体内可以发生 SVDV 的增殖，但它们无任何临诊症状。对于牛和羊能否成为传染源以及在传播中的作用尚无定论，但机械传播是可能的。在污染的猪场土壤中生活的蚯蚓体表及肠管中也可以分离到病毒。

在自然流行中，本病仅发生于猪，不分年龄、性别、品种均可感染。人偶可感染，水泡病病毒实验室操作人员可见血清阳性，但没有临床症状。SVD 的潜伏期为 2d~6d，接触传染潜伏期 4d~6d，喂感染的猪肉产品，则潜伏期为 2d。蹄冠皮内接种 36h 后即可出现典型病变。一般蹄冠皮内接种和静脉接种结果比较规律。处于潜伏期的猪，其皮肤和肌肉中已有高滴度的病毒。与病猪接触的猪 24h 病毒即出现于鼻黏膜，48h 出现于直肠和咽腔，第 4d 处于病毒血症状态，第 5d 出现初期水泡，经 2d~3d 则破溃。大量排毒源是水泡液和水泡皮。10 日龄以上的破溃皮肤仍有很高的病毒滴度。其次是通过粪便和分泌物排毒。感染后鼻腔排毒 7d~10d，口腔排毒 7d~8d，咽腔排毒 8d~12d，直肠排毒 6d~12d。由于有病毒血症过程，所以所有组织均可成为传染源。

几乎所有 SVD 都与饲喂污染的食物（如泔水、洗猪肉污水）、与污染的场地接触及使用污染的车辆调运活猪，或引进病猪有关，只有个别次数的暴发原因不明。实验表明 SVD 与 FMD 不同，通过空气传播的可能性很小。感染母猪有可能通过胎盘传染仔猪，因为有人发现康复母猪所产仔猪最早在出生后 5h 即可发生 SVD，这显然在潜伏期之内。但胚胎移植不引起 SVD 传播，即使是来自受感染母猪的卵和胚胎，也不会引起受体猪感染，受体猪所产仔猪也呈 SVD 阴性。但是人工使卵或胚胎污染上 SVDV，即使是采用蛋白酶或抗血清等方法处理以及反复冲洗，也不能完全消除

SVDV。普遍认为皮肤是 SVDV 最敏感的部位，小的伤口或擦痕可能是主要的感染途径。其次是消化道上皮黏膜。呼吸道黏膜似乎敏感性较差。

SVD 的暴发无明显季节性，夏季少发，冬季较为严重，尤其在养猪密度较高的地区传播速度快、发病率高，一般不引起死亡。发病率差别不大，从 20%~100% 不等，有时与 FMD 同时或交替流行。在养猪密集或调运频繁的单位和地区，容易造成本病的流行，尤其是在猪集中的仓库，集中的数量和密度越大，发病率越高。不同品种不同年龄的猪均易感，传播一般没有 FMD 快，发病率也较 FMD 低。

（二）病原特征

国际病毒分类委员会（ICTV）第十五次报告（1991）将猪水泡病病毒（SVDV）归为小 RNA 病毒科（Picornaviridae）肠道病毒属（*Enterovirus*）。鉴于 SVDV 与人类柯萨奇病毒（Human Coxsackievirus）B5 型有非常相近的理化特性、生物学特性及血清学关系，分类报告未将 SVDV 单独列为肠道病毒属的一个成员，而是将其归为柯萨奇 B 型病毒之列。SVDV 无囊膜、不含脂类和碳水化合物。病毒的基本结构为单纯的结构蛋白包含着一个 RNA 及一个与 RNA 共价联接的小蛋白 3B（VPg）。病毒粒子呈 20 面体对称，电镜下病毒粒子呈球形，直径为 22nm~32nm，在感染细胞内常可见病毒呈晶格排列和环形串珠状排列。

SVDV 中心为一条感染性的单股正链 RNA，长度约为 7.4kb，其 3′端含 polyA，5′端非编码区与 3B 共价联接。该 RNA 本身兼有 mRNA 功能。病毒 RNA 的复制是通过两种复制中间体在细胞浆内进行的。即分别以正链 RNA 和负链 RNA 作为模板进行复制。病毒 RNA 首先复制负链 RNA，再由负链 RNA 复制正链 RNA，由正链 RNA 翻译病毒蛋白，并参与组装病毒粒子。病毒正链 RNA 编码着一条大的聚合蛋白，它是翻译后被切割成各个功能蛋白的。病毒在猪肾细胞系上的复制周期为 3h~4h。

SVDV 具有良好的免疫原性，并且相当稳定。目前的 SVD 灭活疫苗具有可靠的免疫效力。中和试验、琼脂免疫扩散试验及补体结合试验都证实了不同病毒分离株存在着抗原差异，但差异并不大。不同病毒株的聚丙烯酰胺凝胶电泳分析表明，结构蛋白之间的差异比较显著。据报道 SVDV 在细胞上传 40 代即可发生变异。不同毒株核酸全序列的分析比较也证实 SVDV 和其他小 RNA 病毒一样存在着毒株间的差异。不同毒株的致病力及诱导中和抗体的能力也表现不同，但是不同 SVDV 毒株间在猪体上能交叉保护，目前还没有发现 SVDV 有亚型分类的报道。尽管 SVD 与 FMD、VS 和 VES 有相似的临诊症状，但其病原之间理化特性及生物学特性相差甚远。SVDV 与 FMDV 分类地位相近，但病毒多肽之间没有任何血清学关系。SVDV 与人类柯萨奇 B5 型病毒（CB5）具有非常相近的理化特性和生物学特性，并且其抗血清可以交互中和这两种病毒。CB5 可以感染猪，但无临诊症状。尽管排泄物中可以分离出病毒，但不发生病毒血症。可能发生与 SVD 类似的脑损伤，但较轻微。猪感染 CB5 后可产生中和 SVDV 的血清抗体，但用 SVDV 攻击后仍可发病。一般可以显示出一定的保护率。从 SVDV 与人类柯萨奇 B 型病毒（CB1、CB3、CB4、CB5）在四个结构蛋白上的氨基酸序列比较上看，二者存在广泛的同源性，同源性甚至高于人类柯萨奇病毒 B 亚型之间的同源性。现大多数学者认为 SVDV 是 CB5 的变异株。

能够自然感染 SVDV 的只有猪（包括野猪）和人类。人类受感染后出现类似人类柯萨奇病毒感染的症状，但出现临诊症状很少见。新生小鼠可通过脑内、腹腔内或皮下接种而感染死亡，而 7 日龄以上小鼠则有抗性。实验室内一般通过 IB-Rs-2 细胞系及新生乳鼠（1~2 日龄）来进行检疫工作和繁殖 SVDV。在乳鼠体内以肌肉骨骼系统含毒量最高，其次是脑、肝、脾和肠。

SVDV 不能凝集家兔、豚鼠、牛、绵羊、鸡、鸽等动物红细胞，也不能凝集人的红细胞。将病毒人工接种 1~2 日龄乳小鼠和乳仓鼠，引起痉挛、麻痹等神经症状，在接种后 3d~10d 内死亡；接种成年小鼠、仓鼠和兔均无反应，仓鼠足蹠接种不表现症状，但能产生中和抗体，可制备诊断用抗血清。

SVDV 无类脂质囊膜，对乙醚不敏感。对 pH 值 3.0~5.0 表现稳定，在低 pH 值及 4℃ 能存活 160d，低温中可长期保存。对环境和消毒药有较强抵抗力，在 50℃ 30min 仍有感染力，但 80℃ 1min 和 60℃ 3min 可灭活；病毒在污染的猪舍内存活 8 周以上，在泔水中可存活数月之久，在火腿中可存活半年。在香肠和加工的肠衣中可分别存活 1 年和 2 年以上，病猪肉腌制后 3 个月仍可检出病毒。猪尸体可带感染性活毒达 11 个月以上。从埋葬感染猪死尸周围的土质中的蚯蚓肠管中仍可分离到 SVD 活病毒。猪肉产品经 69℃ 15min 方可杀灭 SVDV。3%苛性钠在 33℃ 24h 能杀死水泡皮中病毒，1%过氧乙酸 60min 可杀死病毒。

（三）检测技术参考依据

1. 国外标准

WOAH 手册：Manual of Diagnostic Tests and Vaccines for Terrestrial Animals，Swine vesicular disease

2. 国内标准

《猪水泡病诊断技术》（GB/T 19200—2003）

四、猪繁殖与呼吸综合征

（一）疫病简述

猪繁殖与呼吸综合征（Porcine reproductive and respiratory syndrome，PRRS）是由猪繁殖与呼吸综合征病毒（Porcine reproductive and respiratory syndrome virus，PRRSV）引起的猪的一种繁殖障碍和呼吸道的传染病。其特征为厌食、发热、怀孕后期母猪流产，产死胎、弱仔和木乃伊胎，新生仔猪的死淘率增加，断奶仔猪死亡率高，母猪再次发情时间推迟。哺乳仔猪死亡率超过 30%，断奶仔猪的呼吸道症状明显，主要表现为高热，呼吸道困难等肺炎的症状。

1987 年在美国中西部北卡罗来纳州，首先发现一种未知的猪繁殖系统急性流行性传染病，并分离到病毒，该病临床表现为严重的繁殖障碍，广泛的断乳后肺炎、生产性能下降、死亡率增加。其后在加拿大、德国、法国、荷兰、英国、西班牙、比利时、日本、菲律宾等国家先后发生。目前在世界上的主要生猪生产国均发现了 PRRS。开始由于病原不明确，欧洲一些国家称为"猪神秘病"（Swine mystery disease，SMD），因为部分病猪的耳朵发紫，又称"猪蓝耳病"（Blueear disease），曾命名为"猪不孕与呼吸综合征"（SIRS）。我国于 1996 年首次分离到 PRRSV。近年来，美国流行一种严重的生殖道疾病称为"急性"或"非典型"PRRS，由新型毒力更强的 PRRSV 毒株引起，中国也出现了高致病性 PRRSV 毒株，引起猪只大批死亡，由此推断 PRRSV 正在不断变异。PRRSV 出现变异，对控制和扑灭措施提出严重挑战。

猪是 PRRSV 的主要宿主，但不同年龄猪的易感性有一定差异。各种年龄猪均可发病，感染的猪龄很不一致，但主要危害种猪、繁殖猪及其仔猪，而育肥猪即便发病，症状也较缓和，造成生长率下降、死亡率增高、淘汰猪增多。对母猪的危害要比肉猪严重。性别和品种均无特异性。禽类（野鸡、珍珠鸡、康尼西鸡）间的易感程度有所不同，也可能会传播 PRRSV，在流行病学上占有一定潜在地位。病猪和带毒猪是该病的主要传染源，亚临床感染的猪群是 PRRSV 不明传播的潜在来源。病猪、无症状的带毒猪、康复猪、病母猪所产的仔猪，以及被污染的环境和用具等均具有传染性。感染猪在临床症状消失 8 周后仍可排毒，且 PRRSV 可在猪上呼吸道和扁桃体存活相当长的时间（≥5 个月），因此带毒猪是病毒传播的重要来源。患病公猪的精液也是传播源。许多国家已经禁止从感染地区或猪场引进活猪及其精液。仔猪可成为自然带毒者。病猪分泌物和排泄物污染饲料和饮水、死产胎儿、胎衣及子宫排泄物含有 PRRSV，可污染环境成为传染源。

PRRSV 虽可通过多种途径传播，但主要传播途径为呼吸道等水平传播和垂直传播。高度传播性是 PRRS 的一个突出特征。该病传播呈多路线的特点，具有高度接触传染性。呼吸道是 PRRSV 侵害的靶器官，鼻腔内接种病料可成功复制该病，母猪怀孕 30d 经口鼻感染会引起生殖衰竭。空气传播和猪调运是该病的主要传播方式，PRRSV 经空气传播、并可通过呼吸道感染。病毒的气溶胶是 PRRSV 传播的重要方式，目前尚无气溶胶传染的直接证据。该病可经子宫途径垂直传播给仔猪。人工接种母猪后所产的未吮乳仔猪的血液和腹水中，检测出 PRRSV 抗体，表明病毒可经胎盘传播。虽然怀胎中期胎体可直接接种支持病毒生长，PRRSV 在此时仍不能通过胎盘感染，怀孕后期（77d~90d）的初产或经产母猪可通过胎盘使胎儿感染。精液不是重要的传播途径，易感公猪感染后精液中带有 PRRSV，在未见病毒血症时也易出现精液带毒。人工感染公猪后，精液中带毒期长达 43d，所以以人工授精方式也可将 PRRSV 传播给母猪。PRRSV 肌内注射不能引起感染。PRRSV 的传染性很强，鼻腔或注射途径感染所需的剂量极低。一旦感染后，病毒可出现于尿、唾液、精液，还可能在粪便中。PRRSV 在液体污染物（井水、自来水、磷酸盐缓冲液、生理盐水）中存活 3d~11d，故被排毒猪污染的饮水和污水也是易感猪染毒的主要来源。

并且不能忽视鸟类、鼠类、人类及运输工具在该病传播中的作用。

PRRS 没有明显的季节性，一年四季均可发生，多呈地方流行性。PRRS 起始时呈大流行性的传播，但以后会在全球许多国家中呈地方性出现。PRRS 传播力很强，一旦感染可迅速传播。事实证明，PRRS 通常是随着主风向传播的，明显地呈"跳跃式"传播，距离可达 90km 以上。该病的显著特征是产前一周发生流产或早产，生产数量显著下降。在同一猪场内暴发该病停息后，又易再度暴发，其发病率显著增高。潜伏期因饲养环境的不同而有很大差异，不同毒株致病性的差异或许会造成不同的潜伏期。一般流行期为 70d～100d，最长可达 4～6 个月。青年猪感染后症状较为温和，母猪和仔猪症状则较严重，母猪的死亡率较低，乳猪的死亡率很高（7%～75%）。该病在仔猪之间的传播比成年猪之间的传播更为容易。大流行后隐性感染病例增多，无临床诊断症状的猪也能传播该病，并持续数月。未感染 PRRSV 的地区一旦发生该病，可迅速传播；PRRS 发病率较高，猪群一旦感染上 PRRSV，传播速度相当快，且常出现持续性感染。PRRS 的流行除与猪群调运密切相关外，还与猪舍的大小、猪群的密度、空气质量、健康状况等因素有关。环境因素（如温度低、湿度大、日照少等）也能促进该病传播。

（二）病原特征

PRRSV 被分类为新建立的套式病毒目，属于动脉炎病毒科（Arteriviridae）动脉炎病毒属（*Arterivirus*）成员。同属的还有马动脉炎病毒（EAV）、小鼠乳酸脱氢酶增高症病毒（LDV）和猴出血热病毒（SHFV）。1991 年荷兰中央兽医研究中心，从人工和自然感染病猪分离到病毒，命名 Lelystad 病毒（LV），是欧洲型的代表株。美国分离株称为 VR-2332，是美洲型的代表株。

PRRS 的病原为一有囊膜的病毒，直径 50nm～65nm，表面相对平滑，立方形核衣壳，核心直径 25nm～35nm。偶尔在细胞外病毒粒子负染样品的表面可观察到短的（8nm～12nm）颗粒状突起。在 PRRSV 感染的猪肺泡巨噬细胞超薄切片中，病毒呈球形，直径 45nm～65nm，核心 30nm～35nm，外有平滑的脂质双层膜。病毒粒子呈 20 面体对称，为单股正链 RNA 病毒，病毒 RNA 全长约 15kb，编码 8 个开放阅读框（ORF）。现已鉴定出三种主要的结构蛋白：14ku～15ku 的核衣壳蛋白（N；ORF7）；18ku～19ku 的膜蛋白（M；ORF6）；以及 24ku～25ku 的囊膜糖蛋白（E；ORF5）。另外还有不多的三种编码 ORF4、ORF3、ORF2 的结构蛋白。欧洲和美国分离的毒株在形态和理化性状上相似。但血清学试验、核苷酸和氨基酸序列分析，证实 LV 和 VR-2332 在抗原性上有差异。欧洲分离株（LV）仅能适应于猪肺巨噬细胞，并能产生细胞病变（CPE），美国分离株（VR-2332）可在 CL-2621、MarC-145、MA-I04 细胞系培养，并能出现 CPE。PRRS 病毒对乙醚和氯仿敏感，用脂溶剂乙醚和氯仿处理后，病毒丧失活性。大多数动脉炎病毒，包括 PRRSV，在含有低浓度去污剂的溶液里很不稳定，病毒囊膜破坏，同时释放出无感染性核心粒子，丧失感染性。PRRS 病毒在 pH 值 6.5～7.5 环境中稳定，pH 值低于 6.0 或高于 7.5 病毒很快失去感染性。在−70℃ 或−20℃ 可保存数月到数年，4℃ 保存 1 个月感染性降低 90%，37℃ 3h～24h，56℃ 6min～20min 完全失去感染力。北美和欧洲 PRRSV 分离株以及其他动脉炎病毒不能凝集进行实验的各种红细胞。然而，有报道称有 2 株日本 PRRSV 分离株，抗原性与 VR-2332 有关，对小鼠红细胞表现出凝集性。用去污剂对这些病毒预先处理，其凝集活性增强，表明可能释放出一种与凝集性有关的囊膜糖蛋白。

（三）检测技术参考依据

1. 国外标准

WOAH 手册：Manual of Diagnostic Tests and Vaccines for Terrestrial Animals，Porcine reproductive and respiratory syndrome

2. 国内标准

（1）《猪繁殖与呼吸综合征诊断方法》（GB/T 18090—2023）
（2）《猪繁殖与呼吸综合征免疫酶试验方法》（NY/T 679—2003）
（3）《猪繁殖与呼吸综合征检疫规范》（SN/T 1247—2022）

五、猪支原体肺炎

（一）疫病简述

猪支原体肺炎（Mycoplasmal hyopneumonia，MPS）是由猪肺炎支原体（Mycoplasma hyopneumoniae，Mhp）引发的一种慢性肺炎，又称猪地方流行性肺炎，其病原最早由 Mare、Switzer（1965）和 Goodwin 等（1965）从

患肺炎猪的肺组织中分离出，并试验复制出本病，报道后该病原被命名为 M. hyopneumoniae。

（二）病原特征

长期以来，本病一直被认为是对养猪业造成重大经济损失最常发生、流行最广最难净化的重要疫病之一。本病虽为老病，但近年来由于经常和 PRRS、圆环病毒等其他病原混合感染，造成重大的经济损失而突显出了其重要性。猪肺炎支原体为本病病原，猪肺炎支原体生长需求极为苛刻，分离相当困难，其在基本肉汤培养物中生长缓慢，经 3d~30d，培养物才产生轻微的混浊，并产酸使颜色发生变化。Ross 和 Whittlestone（1983）综述了分离猪肺炎支原体的各种培养基和方法，以及猪肺炎支原体有关的生物学和生物化学特性及特定的鉴别方法。

支原体的一个与潜在的致病性和控制有关的很重要的特征是其具有明显改变表面抗原的倾向，Artiushin 和 Minion（1996）提供了一些猪肺炎支原体分离物中存在异源性抗原的证据。本病在我国地方猪种明显较引入品种易感，带菌猪是本病的主要传染源，病原体是经气雾或与病猪的呼吸道分泌物直接接触传播的，其经母猪传给仔猪使本病在猪群中持久存在，其严重程度常因管理水平、季节、通风条件、猪的密度以及其他环境因素改变而有很大差异。

最早可能发生于 2~3 周龄（地方品种有 9 日龄的）的仔猪，但一般传播缓慢，在 6~10 周龄感染较普遍，许多猪直到 3~6 月龄时才出现明显症状。

易感猪与带菌猪接触后，发病的潜伏期大的为 10d 或更长时间，并且所有自然发生的病例均为混合感染，包括支原体、细菌、病毒及寄生虫等。

猪呼吸道综合征（PRDC）便是猪肺炎支原体与环境及多种病原微生物协同作用的结果，这里的病原微生物可以有猪瘟，猪流感（SI）、伪狂犬病（PR）、猪繁殖与呼吸综合征（PRRS）、克雷伯氏杆菌、副嗜血杆菌（HPS）、猪圆环病毒（PCV）、猪传染性胸膜肺炎放线杆菌（APP）、猪多杀性巴氏杆菌（PmT）、猪霍乱沙门氏菌等，其也可以和萎缩性鼻炎（AR）、断奶后多系统衰弱综合征（PMWS）等互作，从而使猪只 6~10 周龄、12~15 周龄、18~22 周龄问题发生率明显上升。

近两年，由于 PCV 引起的 PMWS 和间质性坏死性肺炎（PNDS）以及 PRRS 与 MPS 的互作使猪只免疫功能受损，易导致猪瘟免疫失败，链球菌、弓形体病等感染率升高，多种因素的互作已对当前的养猪业提出了严重挑战。

肺炎支原体感染后会出现免疫抑制现象，有资料表明：猪只感染肺炎支原体后，会导致支气管淋巴结和血液淋巴细胞发生有丝分裂反应；有学者把这种现象看作是支原体的致病机制之一。另外还证实从被支原体感染的猪身上取出的淋巴细胞对非相关抗原产生抗体的能力显著下降；再者猪的细胞免疫能力下降，如巨噬细胞的活动受到抑制，而 T 抑制细胞的活动增强。事实上，一旦发生猪肺炎支原体感染，则继发感染几乎不能避免；继发性感染会和猪肺炎支原体的免疫抑制反应共同作用，从而引起严重的临床症状，造成更大的经济损失。为了保护猪群不受喘气病的侵害，需要及早对仔猪进行免疫接种。在仔猪感染支原体前就要进行免疫，这时诱发的免疫保护效果会很好，而且保护时间会很长。由于无法预测仔猪在何时会受到感染，所以仔猪一出生，就应尽早进行预防接种。另外早期免疫接种要考虑到母源抗体会不会对疫苗产生不良影响。当然选择高质量的疫苗和制定合理的免疫程序（如 1、3 周龄进行两次肌肉注射）对免疫效果也至关重要。由于猪感染肺炎支原体后，常易继发其他细菌和病毒的感染。因此，预防接种不仅可以保护猪免受肺炎支原体的侵害，同时还可以防止其他继发病原体的感染，为猪提供更广泛的保护。

（三）检测技术参考依据

1. 国外标准

无

2. 国内标准

《猪支原体肺炎诊断技术》（NY/T 1186—2017）

六、猪传染性胃肠炎

（一）疫病简述

猪传染性胃肠炎（Transmissible gastroenteritis，TGE）又称幼猪的胃肠炎，是一种高度接触传染性肠道疾病，以引起 2 周龄以下仔猪呕吐、严重腹泻、脱水和高死亡率（通常100%）为特征。不同年龄的猪对猪传染性胃肠炎病毒（Transmissible gastroenteritis virus，TGEV）均易感，但5周龄以上的猪死亡率很低，感染耐过猪多成僵猪，饲料报酬低，给养猪业造成较大的损失。1933年美国的伊利诺伊州有本病的记载，但当时人们并没有认识到是一种新的传染病，此后1946年Doyle和Hutchings首次报道美国于1945年发生了TGE。随后，日本在1956年、英国在1957年相继发生TGE。以后许多欧洲国家、中南美洲国家、加拿大、朝鲜和菲律宾相继报道了TGE。现在在北半球，除了美国的阿拉斯加，丹麦、挪威、瑞典、芬兰等北欧各国外，特别是北纬30度以北的温带至寒带地区，均有TGE发生。1953年我国广东有TGE发生，1973年得以确认。中国的四川、湖北、吉林、陕西、台湾、北京、广州等地也有本病的发生。

TGE对首次感染的猪群造成的危害尤为明显。在短期内能引起各种年龄的猪100%发病，病势依日龄而异，日龄越小，病情愈重，死亡率也愈高，2周龄内的仔猪死亡率达90%~100%。康复仔猪发育不良，生长迟缓，在疫区的猪群中，患病仔猪较少，但断奶仔猪有时死亡率达50%。在1977年，法国仅用于应付TGE的暴发就耗用了1000万美元的防治费用。各种年龄的猪均有易感性，10日龄以内仔猪的发病率和死亡率很高，而断奶猪、育肥猪和成年猪的症状较轻，大多能自然康复，其他动物对本病无易感性。病猪和带毒猪是主要的传染源。它们从粪便、乳汁、鼻分泌物、呕吐物，呼出的气体中排出病毒，污染饲料、饮水、空气、土壤、用具等。主要经消化道、呼吸道传染给易感猪。健康猪群的发病，多由于带毒猪或处于潜伏期的感染猪引入所致。另外，其他动物如猫、犬、狐狸、燕等也可以携带病毒，间接地引起本病的发生。

TGE的发生有季节，从每年12月至次年的4月发病最多，夏季发病最少。这大概是由于冬季气候寒冷病毒易于存活和扩散，本病的流行形式有三种：在新疫区主要呈流行性发生，老疫区则呈地方流行性或间歇性的地方流行性发生，在新疫区，几乎所有的猪都发病，10日龄以内的猪死亡率很高，几乎达100%，但断乳猪、育肥猪和成年猪发病后取良性经过。几周以后流行终止，青年猪、成年猪产生主动免疫，50%的康复猪带毒，排毒可达2~8周，最长可达104d之久。在老疫区，由于病毒和病猪持续存在，使得母猪大都具有抗体，所以哺乳仔猪10日龄以后发病率和死亡率均很低，甚至没有发病与死亡。但仔猪断奶后切断了补充抗体的来源，重新成为易感猪，把本病延续下去。

（二）病原特征

猪传染性胃肠炎病毒（TGEV）属于冠状病毒科（Coronaviridae）冠状病毒属（*Coronavirus*）。电镜负染观察，TGEV 粒子呈圆形、椭圆形或多边形。病毒直径为 90nm～200nm，有双层膜，外膜覆有花瓣样突起，突起长约 18nm～24nm，突起以极小的柄连接于囊膜的表层，其末端呈球状，病毒粒子内部在以磷钨酸负染以后可见一个电子透明中心，也有人描述病毒粒子内部具有一个呈半球样的丝状物。

TGEV 核酸为单股 RNA，毒粒子由三种主要结构蛋白构成，一种是磷蛋白（N，即核蛋白），它包裹着基因组 RNA；另一种是膜结合蛋白（M 或 E1），主要包埋在脂质囊膜中；第三种为大的糖蛋白（S 或 E2），它形成病毒的突起。据推测，E2 在决定宿主细胞亲嗜性方面起作用，还具有膜融合作用，使病毒核蛋白进入细胞浆，E2 还携带主要的 B 淋巴细胞抗原决定簇，在提高获得免疫力中可能起关键作用。用单克隆抗体竞争性放射免疫电泳证明：E2 糖蛋白存在三种水平的抗原结构，即抗原位点、抗原亚位点和抗原决定簇；抗原分 A、B、C、D 四个位点，A 位点可分为 a、b、c 三个亚位点，这些亚位点又可再分为抗原决定簇。E2 糖蛋白共有 11 个抗原决定簇，其中 8 个是与中和作用相关的重要抗原决定簇。

病毒存在于发病仔猪的各器官，体液和排泄物中，但以空肠、十二指肠及肠系膜淋巴结中含毒量最高，在病的早期，呼吸系统组织及肾的含量也相当高。病毒能在猪肾、甲状腺及唾液腺、睾丸组织等细胞培养中增殖和继代，其中以猪睾丸细胞最敏感，可引起明显的细胞病变，在猪肾细胞上需经过几次传代，才看到细胞病变，在弱酸性培养液中，TGEV 增殖的滴度最高。但是有些毒株始终不出现细胞病变，病毒对细胞的致病作用，常因毒株而异。据报道，应用胰蛋白酶处理猪胎肾原代细胞和传代细胞及兔肾原代细胞，可提高这些细胞对病毒的敏感性，增加病毒的收获量。并使细胞出现明显的 CPE 和空斑。

TGEV 对乙醚、氯仿、去氧胆酸钠、次氯酸盐、氢氧化钠、甲醛、碘、碳酸以及季铵化合物等敏感；不耐光照，粪便中的病毒在阳光下 6h 失去活性，病毒细胞培养物在紫外线照射下 30min 即可灭活。病毒对胆汁有抵抗力，耐酸，弱毒株在 pH 值 3.0 时活力不减，强毒在 pH 值 2.0 时仍然相当稳定；在经过乳酸发酵的肉制品里病毒仍能存活。病毒不能在腐败的组织中存活。胰酶、胰酶制剂、肽酶、羧基肽酶对 MILLER 毒株活力没有或只有轻度影响，而对弱毒株（如 Purdue 毒株和弱毒疫苗毒株）的活力则影响很大。

病毒对热敏感，56℃下 30min 能很快灭活；37℃下每 24h 病毒下降一个对数滴度，4d 丧失毒力，但在冷冻贮存条件下非常稳定，液氮中存放 3 年毒力无明显下降，−20℃可保存 6 个月，−18℃保存 18 个月，仅下降 1 个对数滴度。0.5mol/L 的 $MgCl_2$ 可增强病毒对热的抵抗力。TGEV 能凝集鸡、豚鼠和牛的红细胞，不凝集人、小鼠和鹅的红细胞。

TGEV 只有一个血清型，各毒株之间有密切的抗原关系，但也存在广泛的抗原异质性。TGEV 与猪血凝性脑脊髓炎病毒和猪流行性腹泻病毒无抗原相关性，但与猪呼吸道冠状病毒有交叉保护。TGEV 与狗冠状病毒（CCV）和猫冠状病毒（FIPV）之间都有抗原相关性。通过血清中和试验和间接免疫荧光法证明，TGEV 与 CCV、TGEV 与 FIPV 之间存在双相交叉反应，只是同源病毒的中和滴度高于异源病毒。因此，这三种病毒有一定的关系。

（三）检测技术参考依据

1. 国外标准

WOAH 手册：Manual of Diagnostic Tests and Vaccines for Terrestrial Animals，Transmissible gastroenteritis

2. 国内标准

（1）《猪传染性胃肠炎诊断技术》（NY/T 548—2015）

（2）《猪传染性胃肠炎检疫规范》（SN/T 1446—2010）

七、猪细小病毒病

（一）疫病简述

猪细小病毒病（Porcine parvovirus infection，PPI）又称猪繁殖障碍病，是由猪细小病毒（Porcine parvovirus virus，PPV）引起的一种猪繁殖障碍病。该病主要表现为胚胎和胎儿的感染和死亡，特别是初产母猪发生死胎、畸形胎和木乃伊胎为特征，但母猪本身无明显的症状。

（二）病原特征

猪细小病毒病的病原是 PPV，属于细小病毒科（Parvoviridae）细小病毒属（*Parvovirus*）的自主型细小病毒，血清型单一，很少发生变异，所有分离株的血凝活性、抗原性、理化特性及复制装配特性等均十分相似或完全相同，而且 PPV 与同型的其他自主型细小病毒在结构与功能方面也存在许多相似之处。成熟的 PPV 完整病毒粒子外观呈六角形或圆形，具有典型的 20 面立体对称结构，无囊膜，衣壳由 32 个壳粒组成，直径约为 25nm～28nm。本病毒对外界理化因素有很强的抵抗力，对热具有强大抵抗力，56℃30min 不影响其感染性和血凝活性，70℃2h 仍不使其丧失感染性和血凝活性，但是 80℃5min 可使其丧失感染性和血凝活性；对脂溶剂（如乙醚、氯仿等）有抵抗力；对酸、甲醛蒸气和紫外线均有一定抵抗力；但是在 0.5%漂白粉或氢氧化钠溶液中 5min 即可被杀死。该病毒具有良好的血凝活性，能够凝集人的 O 型、豚鼠、大鼠、鸡、猫、猴的红细胞，但是不能凝集牛、绵羊、仓鼠、猪的红细胞，其中以凝集豚鼠红细胞为最好，在凝集鸡红细胞时存在个体差异。

各种不同年龄、性别的家猪和野猪均易感。传染源主要来自感染细小病毒的母猪和带毒的公猪，后备母猪比经产母猪易感染，病毒能通过胎盘垂直传播，而带毒猪所产的活猪可能带毒排毒时间很长甚至终生。感染种公猪也是该病最危险的传染源，可在公猪的精液、精索、附睾、性腺中分离到病毒，种公猪通过配种传染给易感母猪，并使该病传播扩散。PPV 感染猪的发病机理尚不完全清楚，部分研究结果表明，PPV 对猪的影响主要分为两个方面：一是对母猪受精卵细胞的影响，二是对胎儿发育的影响。猪群暴发此病时常与木乃伊、窝仔数减少、母猪难产和重复配种等临床表现有关。在怀孕早期 30d～50d 感染，胚胎死亡或被吸收，使母猪不孕和不规则地反复发情。怀孕中期 50d～60d 感染，胎儿死亡之后，形成木乃伊，怀孕后期 60d～70d 以上的胎儿有自免疫能力，能够抵抗病毒感染，则大多数胎儿能存活下来，但可长期带毒。病变主要在胎儿，可见感染胎儿充血、水肿、出血、体腔积液、脱水（木乃伊化）及坏死等病变。

（三）检测技术参考依据

1. 国外标准

无

2. 国内标准

（1）《猪细小病毒病诊断技术》（NY/T 4137—2022）

（2）《猪细小病毒病检疫技术规范》（SN/T 1919—2016）

八、猪圆环病毒病

（一）疫病简述

猪圆环病毒（Porcine circovirus，PCV）属圆环病毒科圆环病毒属，为已知的最小的动物病毒之一。现已知 PCV 有两个血清型，即 PCV1 和 PCV2。PCV1 为非致病性的病毒，PCV2 为致病性的病毒。病毒粒子直径 14nm~17nm，呈 20 面体对称结构，无囊膜，含有共价闭合的单股环状负链 DNA，基因组大小约为 1.76kb。PCV 对外界理化因子的抵抗力相当强，在 pH 值 3.0 的酸性环境及 72℃的高温环境中也能存活一段时间，氯仿作用不失活。PCV2 是断奶仔猪多系统衰弱综合征（PMWS），皮炎肾病综合征（PDNS）的主要病原，PMWS 最早发现于加拿大。

（二）病原特征

猪对 PCV2 具有较强的易感性，感染猪可自鼻液、粪便等废物中排出病毒，经口腔、呼吸道途径感染不同年龄的猪。怀孕母猪感染 PCV2 后，可经胎盘垂直传播感染仔猪。人工感染 PCV2 血清阴性的公猪，其精液中含有 PCV2 的 DNA，说明精液可能是另一种传播途径。用 PCV2 人工感染试验猪后，其他未接种猪的同居感染率是 100%，这说明该病毒可水平传播。猪在不同猪群间的移动是该病毒的主要传播途径，也可通过被污染的衣服和设备进行传播。

工厂化养殖方式可能与本病有关，饲养管理不善、恶劣的断奶环境、不同来源及年龄的猪混群、饲养密度过高及刺激仔猪免疫系统均为诱发本病的重要危险因素，但猪场的大小并不重要。

PMWS 是最早被认识和确认的由 PCV2 感染所致的疾病。常见的 PMWS 主要发生在 5~16 周龄的猪，最常见于 6~8 周龄的猪，极少感染乳

猪。一般于断奶后 2d~3d 或 1 周开始发病，急性发病猪群中，病死率可达
10%，耐过猪后期发育明显受阻。但常常由于并发或继发细菌或病毒感染
而使死亡率大大增加，病死率可达 25%以上。血清学调查表明，PCV 在世
界范围内流行。最常见的是猪只渐进性消瘦或生长迟缓，这也是诊断
PMWS 所必需的临床依据，其他症状有厌食、精神沉郁、行动迟缓、皮肤
苍白、被毛蓬乱、呼吸困难，咳嗽为特征的呼吸障碍。较少发现的症状为
腹泻和中枢神经系统紊乱。发病率一般很低而病死率都很高。体表浅淋巴
结肿大，肿胀的淋巴结有时可被触摸到，特别是腹股沟浅淋巴结；贫血和
可视黏膜黄疸。在一头猪可能见不到上述所有临床症状，但在发病猪群可
见到所有的症状。胃溃疡、嗜睡、中枢神经系统障碍和突然死亡较为少
见。绝大多数 PCV2 是亚临床感染。一般临床症状可能与继发感染有关，
或者完全是由继发感染所引起的。在通风不良、过分拥挤、空气污浊、混
养以及感染其他病原等因素时，病情明显加重，一般病死率为 10%~30%。

在病猪鼻黏膜、支气管、肺脏、扁桃体、肾脏、脾脏和小肠中有 PCV
粒子存在。胸腺、脾、肠系膜、支气管等处的淋巴组织中均有该病毒，其
中肺脏及淋巴结中检出率较高。表明 PCV 严重侵害猪的免疫系统：病毒与
巨噬细胞/单核细胞、组织细胞和胸腺巨噬细胞相伴随，导致患猪体况下
降，形成免疫抑制。由于免疫抑制而导致免疫缺陷，其临床表现为：对低
致病性或减弱疫苗的微生物可以引发疾病；重复发病对治疗无应答性；对
疫苗接种没有充分免疫应答；在一窝猪中有一头以上发生无法解释的出生
期发病和死亡；猪群中同时有多种疾病综合征发生。这些特征在 PMWS 的
猪群中基本上都有不同程度的发生。

（三）检测技术参考依据

1. 国外标准

无

2. 国内标准

（1）《猪圆环病毒 2 型荧光 PCR 检测方法》（GB/T 35901—2018）

（2）《猪圆环病毒聚合酶链反应试验方法》（GB/T 21674—2008）

（3）《猪圆环病毒 2 型阻断 ELISA 抗体检测方法》（GB/T 35910—
2018）

（4）《猪圆环病毒 2 型 病毒 SYBR Green Ⅰ实时荧光定量 PCR 检测方

法》（GB/T 34745—2017）

（5）《猪圆环病毒病检疫技术规范》（SN/T 2708—2010）

第四节
羊 病

◇

一、小反刍兽疫

（一）疫病简述

小反刍兽疫（Peste des petits ruminants，PPR）又称小反刍兽假性牛瘟或羊瘟，是由小反刍兽疫病毒（Peste des petits ruminants virus，PPRV）引起的一种急性接触传染性疾病。尤其是山羊高度易感，偶尔感染野生动物。在易感动物群中，小反刍兽疫的感染率为90%，死亡率为50%~80%。目前还没有人感染 PPRV 的报道，对从事 PPRV 研究的人员尚无已知的危害。

1942 年在非洲象牙海岸首次发现了 PPR，2003 年有 25 个国家报告发生 PPR，主要流行于热带非洲中部、阿拉伯半岛和大多数中东国家。据WOAH 报道，位于大西洋和红海之间的大多数非洲国家已感染 PPR，感染地区向北扩展到埃及，向南扩展到肯尼亚，向东扩展到加蓬。在我国周边国家中，印度、尼泊尔、巴基斯坦、阿富汗、孟加拉国等都暴发过 PPR，周边国家的疫情对我国的养羊业构成了严重的威胁。2007 年 7 月在我国西藏地区发生不明山羊疫情，经国家外来动物疫病诊断中心对送检样品诊断，确诊为我国首例小反刍兽疫。

小反刍兽疫在疫区呈零星发生，当易感动物增加时，即可发生流行。本病主要通过直接接触，由鼻、口等途径进入动物体而传播，在密切接触的畜群间还可通过气溶胶传播。病畜的分泌物和排泄物都是传染源，处于亚临床型的病羊尤为危险。本病全年均可发生，但通常在雨季和干冷季节多发。

临床上小反刍兽疫分为最急性型、急性型、亚急性型和慢性型。最急性型常见于山羊，潜伏期约 2d，体温高达 41℃ 以上，精神沉郁，食欲废绝，流浆液黏性鼻汁。常有齿龈出血，有时口腔黏膜溃烂。病初便秘，继而大量腹泻，最终因体力衰竭而死亡。病程一般为 5d~6d。急性型潜伏期为 3d~4d，表现发热，烦躁不安，食欲减退，口鼻腔分泌物由浆液性转为黏液脓性，堵塞鼻孔。口腔黏膜多处出现溃疡。后期血样腹泻，消瘦。出现咳嗽，呼吸异常。母畜常发生外阴阴道炎，伴有黏液脓性分泌物，有的孕畜发生流产。病程 8d~10d，有的痊愈或转为慢性。亚急性或慢性型常见于最急性和急性型之后。口腔和鼻孔周围以及下颌部发生结节和脓疱，是本型晚期的特有症状。

在 20 世纪 50 年代，有记录表明感染 PPRV 的组织可引起犊牛发病和死亡。1995 年，从类似牛瘟感染的印度野牛中分离到 PPRV。1995~1996 年，埃塞俄比亚单峰骆驼发生 PPR 地方流行，并从病料中检测到 PPRV 抗原和核酸，但未分离到病毒。目前在野生动物瞪羚羊、野山羊、长角羚和东方盘羊已报道有死亡的临床病例。美国的白尾鹿可实验室感染。

（二）病原特征

PPRV 属于副黏病毒科（Paramyxoviridae）麻疹病毒属（*Morbollivirus*），病毒粒子呈圆形或椭圆形，直径为 130nm~390nm，但是也有学者报道认为其直径在 150nm~700nm 之间。病毒颗粒的外层有 8.5nm~14.5nm 厚的囊膜，囊膜上有 8nm~15nm 长的纤突，纤突中只有血凝素（H）蛋白，而无神经氨酸酶，核衣壳总长约 1000nm，呈螺旋对称，螺距直径约为 18nm，螺距在 5nm~6nm 左右，核衣壳缠绕成团。

PPRV 病毒粒子对外界环境敏感，37℃ 条件下，PPRV 感染力的半衰期为 1h~3h，在 50℃ 30min 丧失感染力。病毒粒子在 pH 值 4.0~10.0 范围内稳定，对乙醚、酒精、甘油及一些去垢剂敏感，大多数的化学灭活剂，如酚类、2% 的 NaOH 等作用 24h 可以灭活该病毒。使用非离子去垢剂可使病毒的纤突脱落，感染力降低。

PPRV 病毒粒子虽然含有血凝素蛋白，但是不能对猴、牛、绵羊、山羊、马、猪、犬、豚鼠等大多数哺乳动物和禽的红细胞具有凝集性。也有研究表明，PPRV 抗体可以抑制麻疹病毒对猴红细胞的凝集作用。

病毒粒子内主要含有 6 种结构蛋白，即核蛋白（N）、磷蛋白（P）、多聚酶大蛋白（L）、基质蛋白（M）、融合蛋白（F）和血凝素蛋白（H），其中 N、P 和 L 3 种蛋白构成病毒的核衣壳。N 蛋白是 PPRV 中含量最丰富和免疫原性最强的病毒蛋白，其分子量大约为 57.7ku；H 蛋白也称为附加蛋白，它和 F 蛋白都是 PPRV 上的一种糖蛋白，在感染细胞过程中起到黏附和穿透作用；M 蛋白位于病毒表面糖蛋白和 RNP 核心之间，形成病毒囊膜的内层。另外，病毒还含有 2 种非结构蛋白 C 和 V，其功能尚不清楚。

（三）检测技术参考依据

1. 国外标准

WOAH 手册：Manual of Diagnostic Tests and Vaccines for Terrestrial Animals，Peste des petits ruminants

2. 国内标准

（1）《小反刍兽疫检疫技术规范》（SN/T 2733—2010）

（2）《小反刍兽疫诊断技术》（GB/T 27982—2011）

二、痒病

（一）疫病简述

羊痒病（Scrapie）是绵羊的一种缓慢发展的致死性中枢神经系统变性疾病，能引起中枢神经系统退化变性，病羊具有中枢神经系统（CNS）变性、空泡化、星形胶质细胞增生等特点，表现为共济失调、痉挛、麻痹、衰弱和严重的皮肤瘙痒，病畜 100% 死亡。它是传染性海绵状脑病家族的一员，目前认为该类病是由朊病毒（Prion）引起，又称为朊病毒病。羊痒病是传染性海绵状脑病（TSE）的原型，可感染绵羊、鹿、山羊和野羊（摩弗仑羊）。大鼠、小鼠、田鼠、猴以及多种实验动物和野生动物都能被实验感染。

痒病可在全世界发现，欧洲（包括英国）、中东、加拿大、美国、肯尼亚、南非、哥伦比亚和部分亚洲地区都报道过此病。在西欧一些国家（地区）中，已知在绵羊中发生本病至少有两个半世纪，因此，痒病被认为是最初的传染性海绵状脑病或哺乳动物的朊病毒病。还有许多国家（地区）没有对本国（地区）的痒病进行过监测，该病的状态尚不清楚。澳大利亚和新西兰由于采取了严格的预防措施，已无痒病。虽然这两个国家曾发生过痒病疫情，但是通过屠宰检疫后进境绵羊以及同群羊，目前已消灭此病。1780—1820 年，本病在德国流行严重，但现在已很少见。绵羊和鹿在不同国家（地区）感染率不同。山羊很少发生，只有散发病例。本病在英国羊群的发生率是 2%，冰岛 3%~5%，极个别的羊群发生率高达 20%~30%。痒病一旦出现疾病症状会渐进发作并死亡。一般的，感染羊群的年死亡率为 3%~5%。在严重感染羊群中，年死亡动物占 20%。在欧盟内部，从 1993 年起，痒病被规定为必须向卫生当局报告的疾病。

不同品种和年龄的绵羊对痒病的感染率不同。绵羊对该病的易感性随年龄增长而降低。羔羊特别是新生羔羊易感，公羊和母羊都可感染，但由于母羊在数目上占优势，故母羊的感染数多于公羊。羊群痒病病例多为 3~5 岁母羊，很少见于 18 个月以下的羊只。自然传播感染的母羊所产羔羊的发病率很高，并且在出生后 60d~90d 发病危险性更高。

本病在绵羊的潜伏期通常为 2~5 年，1 岁以下的绵羊基本不发病，报道的痒病病例一般为 2~8 岁的山羊。实验感染山羊的潜伏期少于 3 年，变化范围从 30~146 周。在某种情况下，由于绵羊的商品生命期太短以至于不可能表现出临床症状。动物潜伏感染本病，甚至那些从来没有临床症状的动物可能仍旧是其他动物的传染源。虽然某些绵羊品种的遗传基础能抵抗或降低本病流行，但本病能感染大部分品种的绵羊。在绵羊的原始型摩佛伦羊（Ovismusimon）中也报道有痒病，家养绵羊的感染可能是在分娩到断奶期通过母羊传给羔羊，也可能在出生前感染。特别是在产羔区也可传染给无关的绵羊和山羊。有人认为胎膜是传染源。羊群记录表明，在绵羊中，本病与某些种系有关，但代表遗传敏感性或母系传播的影响程度，或者两者都有影响，尚不确定。只有在浸染中枢神经系统时，才发生临床疾病。

痒病病程的发展通常为隐性，特别是疾病的早期，临床症状可能类似于成年绵羊的某些其他疾病。羊痒病病程很长，最终导致死亡。

感染动物可终生带毒，并且在无症状的情况下传播病毒。多数动物从母畜垂直感染或在出生后感染。遗传易感型感染的母羊可在生殖道，包括怀孕期的胎盘内发现朊蛋白。这些母羊可产生含朊蛋白的胎盘，也可产生不含朊蛋白的胎盘，这取决于胎儿的基因型。初生动物在舔食胎膜或吸入胎液后感染病毒。在集中产仔地区，病毒也可传染给健康绵羊的后代，健康成年母羊虽有抵抗力，也会感染病毒。不排除子宫内垂直传播的可能，但是现有的数据表明感染主要是发生出生后。羊群之间也可通过接触传播。痒病病毒可存在于神经系统、唾腺、扁桃腺、淋巴腺、瞬膜、脾、回肠末梢和肌肉。

目前尚不能确定病毒能否通过环境传播，但有报告指出痒病病毒能在冰岛的羊舍里存活 16 年，用此病毒实验污染的土壤样品在 3 年后仍可分离到痒病病毒。理论上病毒也可通过污染物如刀子进行传播，有报道称可通过污染的疫苗传播。

(二) 病原特征

羊痒病的病原为痒病朊蛋白 (prion)，不含核酸。对于羊痒病病原学因子的性质还不完全了解，已知它是一种传染因子，但分子特性还不清楚。只是认为宿主编码的、高度保守的、功能尚不清楚的膜糖蛋白 (PrP^c) 的修饰结构体 (PrP^{sc}) 与感染因子的大分子结构是一致的。假设，只要提供蛋白或 Prion，那么就可以形成完整的或主要的疾病特异的 PrP (Prion 蛋白) 的异构体病原，改变的形态有能力引起正常形态的转化。就病原的特性而论，就是核酸的一小部分伴随着 Prion 蛋白，或 Prion 蛋白只不过是引起感染的其他病原的一个副产品。

与普通病原微生物有不同的理化和生物学特性，对各种理化因素有极强抵抗力。将干燥的脑组织保存在 0℃～4℃时，可以保持毒力 2 年。痒病其对各种理化因素抵抗力强，通常用于灭活细菌、孢子、病毒和真菌的处理方法对这类病原体不起作用。紫外线照射、离子辐射以及热处理均不能使朊病毒完全灭活，在 37℃ 以及 20% 福尔马林处理 18h、0.35% 福尔马林处理 3 个月均不完全灭活，在 10%～20% 福尔马林溶液中可存活 28 个月。感染脑组织在 4℃ 条件下经 12.5% 戊二醛或 19% 过氧乙酸作用 16h 也不能完全灭活。在 20℃ 条件下置于 100% 乙醇内 2 周仍具有感染性。痒病动物的脑悬液可耐受 pH 值 2.1～10.5 的环境达 24h 以上。55mol/L 氢氧化钠，90% 苯酚，5% 次氯酸钠，碘酊，6mol/L～8mol/L 的尿素，1% 十二烷基磺酸钠对痒病病原体有很强的灭活作用。

近年来，在痒病监控过程中，欧洲许多国家以及美国发现了该病的一种非典型，这种新型痒病最早是在 1998 年挪威报道，称为 Nor98。Nor98 痒病类似于羊痒病，但其传染性和危害性则不如痒病大。Nor98 朊蛋白不同于典型朊蛋白，并且必须修改朊蛋白一些检测方法才能检测这一类型。2002 年后，Nor98 以及其他非典型痒病病原在欧洲许多国家相继被发现。2007 年 3 月，Nor98 首次在美国被确诊。

（三）检测技术参考依据

1. 国外标准

WOAH 手册：Manual of Diagnostic Tests and Vaccines for Terrestrial Animals，Scrapie

2. 国内标准

（1）《痒病组织病理学检查方法》（SN/T 1317—2003）

（2）《痒病诊断技术》（GB/T 22910—2023）

三、梅迪—维斯纳病

（一）疫病简述

梅迪—维斯纳病（Maedi-visna，MV），是由梅迪—维斯纳病毒（Maedi-visna virus，MVV）引起的绵羊的一种慢病毒病，其特征为病程缓慢、进行性消瘦和呼吸困难。梅迪和维斯病最初是用来命名在冰岛发现的两种绵羊疾病，其含义分别是呼吸困难和消瘦，目前已知这两种病症是由同一种病毒引起的。美国的绵羊进行性肺炎（Ovine progressive pneumonia，OPP），荷兰的绵羊 Zwoegerziekte 病均由本病毒引起。1935—1951 年，MV 在冰岛广泛流行，由于没有有效药物治疗，死亡羊 10 万只。为了控制扑灭，冰岛扑杀病羊 65 万余只，造成巨大的经济损失。

梅迪—维斯纳病主要分布于欧洲大多数国家，包括丹麦、荷兰、希腊、奥地利、比利时、捷克、芬兰、法国、德国、匈牙利、挪威、波兰、瑞典、瑞士和英国，美洲的加拿大，亚洲的以色列、塞浦路斯等也有本病存在。1985 年 6 月中国从进境的绵羊后代中分离到 MVV。

感染动物是主要传染源。目前已知的易感动物有绵羊和山羊，并且绵羊和山羊之间有交叉感染性。所有品种的绵羊对 MVV 易感，但只有某些品种的绵羊出现症状。MVV 主要通过初乳传给新生羔羊，羔羊接触感染母羊的时间越长，发生率越高；其次可以通过呼吸道水平传播，饲养密度过大有助于疾病的传播；另外，MVV 还可以通过污染的饮水、饲养和牧草传播。病毒可经过子宫传给胎儿，但比较少见。目前还没有从公羊的精液中检测到 MVV 的报道。无脊椎动物媒介传播尚无报道。

MVV 的潜伏期特别长，动物在接触病毒 1~3 年或更长时间后才出现临诊症状，继之呈进行性临诊经过。患畜呈现呼吸困难、衰竭和进行性消瘦，有的还表现出关节炎和间质性乳房炎症状。另外，某些病例还见到进行性瘫痪。感染绵羊可终身带毒，但多数羊不出现临诊症状和病变。基本的病变是淋巴组织增生，在肺、脑、滑膜和乳腺上均见到大量的淋巴样组织增生。脑、组织小动脉和关节出现变性退化。肺的重量为正常肺的 2~3 倍，体积增大充满整个胸腔，肺硬化并呈灰红色。关节病变为关节囊、滑膜、滑液囊增生和关节软骨及骨头的变性退化，主要发生于腕关节和跗关节，最终导致纤维性关节僵硬。在肺部，常见的变化是化脓性支气管炎并伴有上皮组织增生，这常常是引起动物死亡的直接原因。

给绵羊脑内接种 MVV，可以引起人工感染，而鼻内接种则产生类似"梅迪"的损害。尽管患畜产生高浓度的中和抗体，但在潜伏期和出现症状的时期，各种组织包括脑、脑脊液、肺、唾液腺、鼻分泌物和粪便中都常存在低滴度的病毒。病毒易从脾脏和淋巴结分离到，因其对网状内皮细胞有特别强的亲和力。由抗凝血的沉淀白细胞层中也能分离到病毒。淋巴细胞可能携带病毒，而且可能是病毒的复制场所。在 MVV 感染中，中和抗体似乎没有阻止病毒在血液中传播的作用，尽管在血清中存在着中和、补体结合等抗体，但这种血液接种于易感羊，照样可以引起人工感染。这可能是因为在血液细胞内存在着前病毒 DNA，由于病毒基因组潜伏于感染细胞内，因而不能被宿主免疫系统识别，结果病毒得以长期存在于机体内。另外，如果病毒可以在机体内发生变异的说法成立，那么病毒变异株的出现为持续感染提供另一种机理。在 MV 实验病例，早期由于免疫抑制，损伤较轻，而当 MVV 特异性免疫反应升高后，损伤较为广泛。这说明病理损伤至少一部分是由于免疫反应引起的。有人从维斯纳脑病炎症灶的神经胶质细胞的冰冻切片发现存在病毒蛋白质，表明病毒抗原在少数细胞的表达本身就是疾病发生的一种激发因素。另外从 T 淋巴细胞中找到一种可溶性的类似于干扰素的因子，它是在 T 淋巴细胞和感染 MVV 的巨噬细胞相互反应后被诱导出来的，其效应至少有两个方面：其一，它不仅能延缓单核细胞向巨噬细胞的成长过程，进而限制病毒的复制，更加重要的是它可诱导Ⅱ级主要组织相溶性抗原（Class Ⅱ MHCantigen）在局部巨噬细胞表面上表达出来；其二，识别病毒产物连同这种抗原在巨噬细胞上的表达，对某些 T 淋巴细胞后代的增生可能是一种有力的刺激。如果这种反应持续，那么所见到的慢性淋巴组织增生可能就是由它引起的。

（二）病原特征

梅迪—维斯纳病毒（MVV）在分类学上属于反转病毒科（Retroviridae）慢性病毒属（Lentivirus）。成熟的 MVV 呈球形，直径 90nm～100nm，具有单层的囊膜。病毒粒子的中央有电子致密的直径为 30nm～40nm 的核心。病毒在蔗糖溶液中的浮密度为 1.15g/mL～1.16g/mL。在 pH 值 7.2～7.9 之间最稳定，在 pH 值≤4.2 以下易于灭活，在 56℃经 10min 可被灭活。4℃条件下可存活 4 个月。该病毒可被 0.04%甲醛或 4%酚及 50%乙醇灭活。对乙醚、胰蛋白酶及过碘酸盐敏感。以实验感染羊的血清进行交叉中和试验证明，MVV、OPP 病毒及 Zwoegerziekte 病毒在抗原性上一致或密切相关，不同株间可能有微小差异。

将蚀斑纯化的 MVV 接种绵羊，随后从绵羊分离病毒，发现分离病毒株在抗原性上与原接种病毒不尽相同。这种在体内发生的过程，也可以在组织培养物中病毒与抗体的作用后发生，这样的抗原变异现象被认为是持续感染的原因。MVV 可在绵羊的室管膜、脉络丛、肾和唾液腺的细胞内增殖，引起特征性的细胞病变（CPE）。CPE 扩展至整个单层培养物，产生大量多核巨细胞，每个巨细胞的中心有 2～20 个细胞核，随后发生细胞变性。细胞培养物中的 CPE 出现在接种后 2～3 个星期。当病毒经多次传代后，特别是在大量接种时，可在 3d～15d 内出现 CPE。同样的病变出现于小鼠、大鼠和仓鼠肾传代细胞（BHK-21）培养物内。能支持 MVV 增殖的其他细胞培养物还有牛、猪、犬和人的脉络丛原代细胞及牛、猪源的传代细胞。持续感染的细胞培养物有细胞转化的特征：失去接触抑制，生长加快。病毒在被感染细胞的胞膜上以出芽方式释放。MVV 不能在鸡胚中生长，用其感染动物也未成功。

（三）检测技术参考依据

1. 国外标准

WOAH 手册：Manual of Diagnostic Tests and Vaccinesfor Terrestrial Animals，Caprine arthritis/encephalitis & Maedi-visna

2. 国内标准

（1）《梅迪—维斯纳病琼脂凝胶免疫扩散试验方法》（NY/T 565—2002）

（2）《梅迪—维斯纳病检疫规程》（SN/T 3091—2012）

四、山羊关节炎/脑炎

（一）疫病简述

山羊关节炎/脑炎（Caprine arthritis/encephalitis，CAE）是由山羊关节炎/脑炎病毒（Caprine arthritis/encephalitis virus，CAEV）引起的山羊的一种慢性病毒性传染病。其主要特征是成年山羊呈缓慢发展的关节炎，间或伴有间质性肺炎和间质性乳房炎；2~6月龄羔羊表现为上行性麻痹的神经症状。本病最早可追溯到瑞士（1964）和德国（1969），称为山羊肉芽肿性脑脊髓炎、慢性淋巴细胞性多发性关节炎、脉络膜—虹膜睫状体炎，实际上与20世纪70年代美国山羊病毒性白质脑脊髓炎在症状上相似。1980年Crawford等人从美国一患慢性关节炎的成年山羊体内分离到一株合胞体病毒，接种SPF山羊复制本病成功，证明上述病是该同一病毒引起的，统称为山羊关节炎/脑炎。

本病呈世界性分布，特别是北美洲的美国和加拿大以及欧洲大陆。在法国、挪威、瑞典和英国感染率比较低；在意大利、西班牙的某些地区分布广泛；而在爱尔兰及北爱尔兰似乎无本病的存在。在非洲的南非、索马里和苏丹没有本病；在肯尼亚流行率很低，并主要局限于在进境用于改良品种的公、母山羊中；在尼日利亚不同地区，山羊血清阳性率在0%~18%之间。中国在从英国进境的萨能奶山羊中发现过CAE。

本病感染率很高，潜伏期长，感染山羊终生带毒，没有特异的治疗方法，最终死亡。山羊是本病的主要易感动物。山羊品种不同其易感性也有区别，安格拉山羊的感染率明显低于奶山羊；萨能奶山羊的感染率明显高于中国地方山羊。实验感染家兔、豚鼠、地鼠、鸡胚均不发病。CAE呈地方流行性，发病山羊和隐性带毒者为传染源。主要的传播方式为羔羊通过吸吮含病毒的初乳和常乳而进行的水平传播。感染性初乳和乳汁虽含有该病毒的抗体能被羔羊吸收，但抗体量不足以防止羔羊感染。其次，可通过感染羊的排泄物（如阴道分泌物、呼吸道分泌物、唾液和粪便等）经消化道感染。同样，饮水、饲料也能传播。易感羊与感染的成年羊长期密切接触而传播。群内水平传播半数以上需相互接触12个月以上，一小部分2个月内也能发生。呼吸道感染未能证实。医疗器械（如注射器等）通过血液传播的可能性绝不能排除。已鉴定感染母羊子宫中的损害与其他靶组织一样，这可以解释在有许多临诊病例的严重感染群中，出现白质性脑脊髓炎的症状。目前还没有从公羊的精液中检测到CAEV的报道，感染的公羊与未感染的母羊交配而发生传染的结果看来可能性不大。

应激、寄生虫（线虫、球虫）侵袭等损害山羊免疫系统时，可诱使山羊感染本病并呈现临诊症状。CAEV感染能引起多种临诊症状，因年龄大小而有明显差别。不满6月龄的山羊羔主要表现为脑脊髓炎型症状，成年山羊主要表现为关节炎型，可见间质性肺炎和间质性乳房炎，多数病例常为混合型。关节炎主要发生于腕关节，可能并发关节囊炎和滑膜炎。

（二）病原特征

山羊关节炎/脑炎病毒（CAEV）为RNA病毒，有囊膜，属反录病毒科慢病毒亚科，其基因组在感染细胞内由逆转录酶转录成DNA，再整合到感染细胞的DNA中成为前病毒，成为新的病毒粒子。CAEV病毒呈球形，直径70nm~100nm。分子量约为$5.5×10^6$道尔顿，在氯化铯中浮密度为$1.14g/mL~1.6g/mL$。本病毒在环境中相对较脆弱，56℃ 1h可以完全灭活奶和初乳中的病毒。

（三）检测技术参考依据

1. 国外标准

WOAH手册：Manual of Diagnostic Tests and Vaccines for Terrestrial Animals，Caprine arthritis/encephalitis & Maedi-visna

2. 国内标准

《山羊关节炎/脑炎琼脂凝胶免疫扩散试验方法》（NY/T 577—2002）

五、山羊传染性胸膜肺炎

（一）疫病简述

山羊传染性胸膜肺炎（Contagious caprine pleuropneumonia，CCPP）又称羊支原体性肺炎，是由支原体所引起的一种高度接触性传染病，其临床特征为高热，咳嗽，胸和胸膜发生浆液性和纤维素性炎症，呈急性和慢性经过，病死率很高。

（二）病原特征

本病见于许多国家（地区），我国也有发生，特别是饲养山羊的地区较为多见。引起 CCPP 的病原体为丝状支原体山羊亚种（*Mycoplasma mycoide* subsp. *capri*），为细小、多变性的微生物，革兰氏染色阴性，用姬姆萨氏法、卡斯坦奈达氏法或美蓝染色法着色良好。培养基的要求苛刻，培养时低浓度（0.7%）琼脂培养基上菌落呈"煎蛋"状。

在自然条件下，丝状支原体山羊亚种只感染山羊，3 岁以下的山羊最易感染，而绵羊肺炎支原体则可感染山羊和绵羊。

本病常呈地方流行性，病羊和带菌羊是主要传染源。本病的接触传染性很强，主要通过空气—飞沫经呼吸道传染。阴雨连绵，寒冷潮湿，羊群密集、拥挤等因素，有利于空气—飞沫传染的发生；多发生在山区和草原，主要见于冬季和早春枯草季节，羊只营养缺乏，容易受寒感冒，因而机体抵抗力降低，较易发病，发病后病死率也较高。冬季流行期平均为 15d，夏季可维持 2 个月以上。

潜伏期短者 5d~6d，长者 3~4 周，平均 18d~20d。根据病程和临床症状，可分为最急性、急性和慢性三型。

最急性：病初体温增高，可达 41℃~42℃，极度委顿，食欲废绝，呼吸急促而有痛苦的鸣叫。数小时后出现肺炎症状，呼吸困难，咳嗽，并流浆液带血鼻液，肺部叩诊呈浊音或实音，听诊肺泡呼吸音减弱、消失或呈捻发音。12h~36h 内，渗出液充满病肺并进入胸腔，病羊卧地不起，四肢直伸，呼吸极度困难，每次呼吸则全身颤动；黏膜高度充血，发绀；目光呆滞，呻吟哀鸣，不久窒息而亡。病程一般不超过 4d~5d，有的仅 12h~24h。

急性：最常见。病初体温升高，继之出现短而湿的咳嗽，伴有浆性鼻漏。4d~5d 后，咳嗽变干而痛苦，鼻液转为黏液—脓性并呈铁锈色，高热稽留不退，食欲锐减，呼吸困难和痛苦呻吟，眼睑肿胀，流泪，眼有黏液—脓性分泌物。口半开张，流泡沫状唾液。头颈伸直，腰背拱起，腹肋紧缩，最后病羊倒卧，极度衰弱委顿，有的发生臌胀和腹泻，甚至口腔中发生溃疡，唇、乳房等部皮肤发疹，濒死前体温降至常温以下，病期多为

7d~15d，有的可达 1 个月。幸而不死的转为慢性。孕羊大批（70%~80%）发生流产。

慢性：多见于夏季。全身症状轻微，体温降至 40℃ 左右。病羊间有咳嗽和腹泻，鼻涕时有时无，身体衰弱，被毛粗乱无光。在此期间，如饲养管理不良，与急性病例接触或机体抵抗力由于种种原因而降低时，很容易复发或出现并发症而迅速死亡。

病变多局限于胸部。胸腔常有淡黄色液体，间或两侧有纤维素性肺炎；肝变区凸出于肺表，颜色由红至灰色不等，切面呈大理石样；胸膜变厚而粗糙，上有黄白色纤维素层附着，直至胸膜与肋膜，心包发生黏连。心包积液，心肌松弛、变软。急性病例还可见肝、脾肿大，胆囊肿胀，肾肿大和膜下小点溢血。

根据流行规律、临床表现和病理变化特征作出综合诊断并不困难。确诊需进行病原分离鉴定和血清学试验。血清学试验可用补体结合反应，多用于慢性病例。

平时预防，除加强一般措施外，关键问题是防止引入或迁入病羊和带菌者。新引进羊只必须隔离检疫 1 个月以上，确认健康时方可混入大群。

免疫接种是预防本病的有效措施。我国除原有的用丝状支原体山羊亚种制造的山羊传染性胸膜肺炎氢氧化铝苗和鸡胚化弱毒苗以外，研制成绵羊肺炎支原体灭活苗。根据当地病原体的分离结果，选择使用。

发病羊群应进行封锁，及时对全群进行逐头检查，对病羊、可疑病羊和假定健康羊分群隔离和治疗；对被污染的羊舍、场地、饲管用具和病羊的尸体、粪便等，应进行彻底消毒或无害处理。用新肿凡纳明（914）静脉注射，证明能有效地治疗和预防本病。也有试用磺胺嘧啶钠皮下注射。据报道，病初使用足够剂量的土霉素、四环素或氯霉素等有治疗效果。

在采取上述疗法的同时，必须加强护理，结合饮食疗法和必要的对症疗法。

（三）检测技术参考依据

1. 国外标准

无

2. 国内标准

《山羊传染性胸膜肺炎检疫技术规范》（SN/T 2710—2010）

六、接触传染性无乳症

(一) 疫病简述

接触传染性无乳症 (Contagious agalactia, CA) 是一种以乳房炎、关节炎及角膜结膜炎为临床特征的绵羊和山羊疾病，最初发现此病仅由无乳支原体 (Mycoplasma agalactiae, Ma) 引起。然而，另外三种支原体即山羊柱状支原体山羊柱状亚种 (MCC)、丝状支原体丝状亚种 LC 亚种 (MmmLC) 和腐败支原体 (Mp) 也会引起相似的症状，有时尚伴发肺炎。这些非典型的感染在山羊中较绵羊普遍。一些专家认为所有这些病原体引起的感染都是接触传染性无乳症，但仍有一些专家宁可认为本病是由无乳支原体引起。公羊、母羊及小羊都可患病。由于泌乳羊只患病时，乳汁发生改变和完全停止泌乳，而且可在发病牧场内迅速传播，故称为传染性无乳症。

接触传染性无乳症在印度、巴基斯坦、欧洲地中海地区都有流行，在南美洲、南非和澳大利亚也有发现。接触传染性无乳症分为乳房炎型、关节型和眼型三种类型。有的呈混合型。根据病程不同又可分为急性和慢性两种。自然接触感染的潜伏期变化很大，一般为 7d~56d；人工感染时为 2d~6d。急性病例一般伴随短暂发热，病期为数天到 1 个月，严重的于 5d~7d 内死亡。慢性病可延续到 3~5 个月以上。绵羊羔，尤其是山羊，常呈急性病程，死亡率为 30%~50%。乳房炎型泌乳羊的主要表现为乳腺疾患。炎症过程开始于一个或两个乳叶内，乳房稍肿大，触摸时感到紧张、发热、疼痛。乳房上淋巴结肿大，乳头基部有硬团状结节。随着炎症过程的发展，乳量逐渐减少，乳汁变稠而有咸味，呈黄绿色或蓝灰色。继因乳汁凝固，由乳房流出带有凝块的水样液体。以后乳腺逐渐萎缩，泌乳停止。有些病例因化脓菌的存在而使病程复杂化，结果形成脓汁，由乳头排出，剖检可以发现间质性乳房炎和卡他性输乳管炎。患病较轻的，乳汁的性状经 5d~12d 而恢复，但泌乳量仍很少，大多数羊的挤乳量达不到正常标准。

关节型不论年龄和性别，可以见到独立的关节型，或者与其他病型同时发生。泌乳绵羊在乳房发病后 2~3 周，由于皮下蜂窝组织和关节囊壁的浆液性浸润，并在关节腔内具有浆液性—纤维素性或脓性渗出物，所以关节剧烈肿胀。关节囊壁的内面和骨关节面均充血。关节囊壁往往因结缔组织增生而变得肥厚，滑液囊（主要是腕关节滑液囊）、腱和腱鞘亦常发生病变。大部分是腕关节及跗关节患病，肘关节、髋关节及其他关节较少发病。最初症状是跛行逐渐加剧，关节无明显变化。触摸患病关节时，羊有疼痛发热表现，2d~3d 后，关节肿胀，屈伸时疼痛和紧张性加剧。病变波及关节囊、腱鞘相邻近组织时，肿胀增大而波动。当化脓菌侵入时，形成化脓性关节炎。有时关节僵硬，躺着不动，因而引起褥疮。

病症轻微时，跛行经 3~4 周而消失。关节型的病期为 2~8 周或稍长，最后患病关节发生部分僵硬或完全僵硬。眼型最初是流泪、畏光和结膜炎。2d~3d 后，角膜浑浊增厚，变成白翳。白翳消失后，往往形成溃疡，溃疡的边缘不整而发红。经若干天以后，溃疡瘢痕化，以后白色星状的瘢痕融合，形成角膜白斑。再经 2d~3d 或较长时间，白斑消失，角膜逐渐透明。严重时角膜组织发生崩解，晶状体脱出，有时连眼球也脱出来。病羊和病愈不久的羊，能长期带菌，并随乳汁、脓汁、眼分泌物和粪尿排出病原体。本病主要经消化道传染，也可经创伤、乳腺传染。无乳支原体可以整个哺乳期进行传播。在非哺乳期，病原存活于乳腺淋巴结。隐性感染或慢性感染动物可带毒数月。接触传染性无乳症通常发生在分娩或分娩后，大部分感染病例是因为摄入了污染的羊奶或是被污染的饮水。动物也可能摄入尿液、粪便、鼻或眼分泌物，或吸入浸染的灰尘。无乳支原体也可在哺乳时进入开放的乳头进行传播。支原体通常不易在环境中生存，但有报道发现一些无乳支原体可以在土壤、粪便或分泌物中存活很长时间，温度越低，存活时间越长。

一般认为，无乳症的主要病型是伴发眼或关节疾患（有时伴发其他疾患）的乳房炎型。

（二）病原特征

无乳支原体是引起接触传染性无乳症的主要病原体，是存在于欧洲绵羊和山羊中的主要支原体，对乳品工业具有重要的临床影响和经济影响。支原体（Mycoplasma）又称类菌质体，是介于细菌与立克次氏体之间的原核微生物。属膜体纲，与裂殖菌纲并列。革兰氏染色阴性，不易着色，常以姬姆萨染色法染色，细胞呈淡紫色，在光学显微镜下可见。通过电子显微镜观察和生化分析，细胞膜厚约 7nm～10nm，由三层组成，内层和外层均为蛋白质，中层为类脂及胆固醇。

这种微生物基因组较大多数原核生物小，没有细胞壁，细胞柔软，形态多变，具有高度多形性。在一昼夜培养物的染色涂片中，可以发现大量的小杆状或卵圆形微生物。有时两个连在一起呈小链状。在 2d 的培养物中，见有许多小环状构造物。在 4d 培养物内呈大环状、丝状、大圆形，类似酵母菌和纤维物的线团。无乳支原体对各种消毒药物抵抗力较弱，10% 石灰乳、3% 克辽林消毒时，都能很快将其杀死。

(三) 检测技术参考依据

1. 国外标准

WOAH 手册：Manual of Diagnostic Tests and Vaccines for Terrestrial Animals，Contagious agalactia

2. 国内标准

《传染性无乳症诊断技术》（GB/T 42364—2023）

七、边界病

(一) 疫病简述

边界病（Border disease，BD），因首先发现于英格兰和威尔士的边界地区而得此名，又称羔羊被毛颤抖病（Hairy shaker disease of lambs），是由边界病病毒（Border disease virus，BDV）引起新生羔羊以身体多毛、生长不良和神经异常为主要特征的一种先天性传染病。边界病呈世界性分布，大多数饲养绵羊的国家都有该病的报道。主要发生于新西兰、美国、澳大利亚、英国、德国、加拿大、匈牙利、意大利、希腊、荷兰、法国、挪威等国家。边界病病毒的主要自然宿主是绵羊，山羊也可感染，牛和猪均有易感性；血清学调查表明某些品种的野生鹿和野生反刍动物也可感染该病，并成为家养反刍动物的感染源。实验条件下兔子可感染该病毒，并用于边界病病毒复制。

（二）病原特征

边界病病毒可以在胎羊肾细胞、绵羊脉络丛细胞，PK15 细胞系和牛睾丸等细胞上生长，病毒的复制是在胞浆内进行的。根据是否能在细胞培养中出现病变作用，区别为致细胞病变毒株和非致细胞病变毒株，分离到的大多数边界病病毒是非致细胞病变的。边界病病毒可能存在不同的抗原型。

边界病病毒有免疫抑制作用，怀孕期感染边界病病毒后，无论胎儿是否具有免疫应答能力，病毒均可在体内的各种组织中持续存在而成为病毒的携带者和疾病的传染源。被感染的羔羊在生长成熟后的几年内，仍具有对其后代的感染性，子宫和卵巢或睾丸生殖细胞中存在的病毒，可经胎盘和精液发生垂直传播。感染了边界病病毒的成年羊主要表现为繁殖力下降和流产。羔羊表现为发育不良和畸形，多见断奶羊死亡。病毒主要存在于流产的胎儿，胎膜、羊水及持续感染动物的分泌物和排泄物中，动物可通过吸入和食入而感染该病。垂直感染是该病传播的重要途径之一。绵羊经肌内、静脉、脑内、皮下、腹膜和气管接种均可引发该病，用受到边界病病毒污染的活毒疫苗接种怀孕母羊可引起该病的暴发。

边界病病毒分类在瘟病科瘟病毒属。在电镜下观察呈球形，有囊膜，大多数病毒颗粒直径为 32nm ~ 52nm，核芯直径为 24nm，病毒的形态与牛 BVD 病毒相似。56℃ 30min、脂溶剂、普通消毒药、紫外线以及干燥都可使病毒灭活，故认为在宿主体外甚至在动物产品中和潮湿的条件下病毒的存活能力都是有限的。边界病病毒在 10% ~ 35% 的蔗糖中的密度为 1.09 g/mL ~ 1.15g/mL，在蔗糖密度梯度中的浮密度为 1.12g/mL。

（三）检测技术参考依据

1. 国外标准

无

2. 国内标准

《边界病检疫技术规范》（SN/T 5187—2020）

第五节
马　病

一、马传染性子宫炎

（一）疫病简述

马传染性子宫炎（Contagious equine metritis，CEM）是由马生殖道泰勒氏菌（Taylorella equigenitalis）引起的具有高度接触传染性的良种马的一种性病。主要侵害良种母马，临床上以过早发情和数量不等的脓性或黏液脓性子宫分泌物为特征。公马感染后不呈现临床症状，但能传播本病。本病能降低怀胎率，严重阻碍良种马的正常流通和世界范围的商业贸易。

马传染性子宫炎最早发生于法国，但未被认识。1976 年作为一种新病首先发现于爱尔兰。1977 年英国 Newmarket 暴发了本病，196 匹母马和 23 匹种公马被传染，有 18 个种畜畜牧场受到影响，有的畜牧场母马感染率为 30%。Crowhurst 于 1977 年第一个报道了 CEM，曾一度命名病原为马生殖器嗜血菌（Haemophilus equigenitalis），同年爱尔兰、澳大利亚，1978 年法国、美国等正式报道了本病。由于各国采取了有效的防制措施，本病的发病数明显下降。但是，由于国际的良种马贸易，本病有不断扩散的趋势，1980 年日本也暴发了本病，有大约 200 匹母马和几匹种公马感染。

本病的潜伏期自然感染为 2d～14d，多为 3d～10d，实验感染为 2d～4d。本病主要临床症状是不同程度的宫颈炎和阴道炎，阴道有轻度翻脓性分泌物流出。病马可逐渐康复，但多数成为长期的无症状的带菌者。病马和带菌马是本病的主要传染源，尤其是无症状的带菌马是最危险的传染源。本病主要通过性交传播，通过与带菌种公马交配而感染，病菌主要定居于泌尿生殖道黏膜，特别是阴蒂窦、隐窝和子宫作部位的黏膜；也能通过冲洗或检查母马生殖道时操作不卫生而传播，或通过被该菌污染的物品、器械、场所以及接触过病马、带菌马和污染物的人员传播。带菌母马产下的马驹也可能成为带菌者。病菌不仅可侵害马，而且可以侵害其他马属动物，如驴。

感染母马多于交配后出现过早发情，见有数量不等的淡灰白色的黏液脓性或脓性子宫分泌物，分泌物量多时污染臀部、使尾毛缠结，并在会阴部皮肤上结块，量少时多沉积在阴道底部穹窿内，不呈现外部症状。同时并发宫颈炎和阴道炎。少数母马可成为阴性带菌者，而且能怀驹分娩。公马感染后不呈现临床症状而成为无症状带菌者。

Timoney 等人（1979）将 CEM 成功地传递到母驴。母驴感染后的临床症状与母马相似。感染母驴能自然临床康复。试验表明，驴、鼠、兔和豚鼠对 CEM 病原菌均有易感性。

本病多发生于配种季节，呈散发或暴发。感染本病后可获得一定的免疫力。重复感染实验的结果表明有局部抗体的存在。

（二）病原特征

马生殖道泰勒氏菌，曾名为马生殖器嗜血菌，通常又称马传染性子宫炎菌（CEMO），系嗜血杆菌属的一个新种，是一种革兰氏阴性球杆菌，有荚膜、无鞭毛，不能运动。

马生殖道泰勒氏菌是一种微需氧菌，在 Eugon 巧克力琼脂（ECA）和胰脉琼脂（TCA）平板上，37℃、含有 5%~10%二氧化碳、5%氧、85%氮或 90%氢气中生长良好。本菌生长不依靠 V 因子和 X 因子。能产生过氧化氢酶、细胞色素氧化酶和磷酸酶。其他细菌学试验阴性。

在 ECA 平板上培养马生殖道泰勒氏菌能见到三型菌落：

光滑型菌落，有凸圆而发亮的外观，并在孵化 15d 时达到最大（直径 5mm~7mm），该型菌落最常见。

沙型菌落，与光滑型菌落相同，但菌落表面像撒了一层沙子。该型菌落也比较常见，并且也在孵化 15d 时达到最大（直径 5mm~7mm）。

极小型菌落，菌落很小（直径 0.15mm~0.2mm），孵化 5d~7d 后才能看见。该型菌落类似于 TCA 平板上生长的马生殖道泰勒氏菌菌落。这一型菌落又分三型：圆形的，扁平的和圆锥形的。前两型不透明，后者半透明。极小型菌落在 ECA 上通过几次之后，长得更快更大一些，孵化 3d 后既可看见，在第 7d 时菌落直径增大到 0.75mm，看上去像光滑型菌落。

此外，还发现沙型菌落的后代通过 ECA 平板时能产生上述三型菌落，其中多数是光滑型和极小型菌落。菌落变异型的抗原性和毒力上的差异目前正在研究。

一般外用消毒药对本菌无效。平板扩散试验表明本菌对氨苄青霉素、红霉素、氯霉素、金霉素、土霉素、庆大霉素、新霉素、呋喃霉素，妥布霉素，丁胺卡那霉素、卡那霉素、多粘菌素 B、褐霉素等敏感；对青霉素中度敏感；对链霉素不敏感，但在美国分离到了链霉素敏感株。本菌存在于感染母马的子宫、宫颈、阴道、阴蒂凹、阴蒂窦及感染公马的尿道、尿道窝、阴茎鞘等部位，感染公马的精液中也带有细菌，阴垢可以长期存留细菌。

(三) 检测技术参考依据

1. 国外标准

WOAH 手册：Manual of Diagnostic Tests and Vaccines for Terrestrial Animals，Contagious equine metritis

2. 国内标准

《马传染性子宫炎检疫技术规范》（SN/T 2986—2011）

二、马鼻肺炎

(一) 疫病简述

马鼻肺炎 （Equine rhinopneumonitis，ER），又名马病毒性流产，是马的一种急性发热性传染病，病原为亲缘关系密切的两种疱疹病毒：马疱疹病毒 1 型 （Equine Herpes Virus1，EHV-1） 和马疱疹病毒 4 型 （Equine Herpes Virus4，EHV-4）。EHV-1 和 EHV-4 在全世界广泛分布，并对所有年龄和种类的马以及其他马科动物的健康构成普遍威胁。临诊表现为头部和上呼吸道黏膜的卡他性炎症以及白细胞减少。妊娠母马感染本病时，易发生流产。

马鼻肺炎于 20 世纪 30 年代初最早在美国发现，之后日本、印度、马来西亚均有报道，马鼻肺炎已在 30 多个国家或地区被发现。从对马群的特异性血清抗体调查看，阳性率一般都在 30% 以上，最高的可达 90%，本病所引起的危害主要是引起妊娠母马流产，经济损失严重。由 EHV-1 或 EHV-4 引起的感染以原发性呼吸道疾病为特征，其严重程度随感染动物的年龄和免疫状况而不同。EHV-1 感染可以引起比呼吸道黏膜炎症更严重的疾病，如流产、初生驹死亡或神经机能障碍。多数情况下，在 EHV-1 和 EHV-4 原发感染之后发生病毒潜伏感染。当遭遇某种应激因素（如断奶、运输、环境骚扰等）之后，潜伏在感染动物体内的病毒可能被激活并传播其他易感马匹。

在自然条件下，马鼻肺炎只感染马属动物，病马和康复后的带毒马是传染源，主要经呼吸道传染，消化道及交配也可传染。本病可呈地方性流行，多发生于秋冬和早春。先在育成马群中暴发，传播很快，1 周左右可使同群幼驹全部感染，随后怀孕母马发生流产，流产率达 65% ~ 70%，高的达到 90%。在老疫区，一般只见于 1 ~ 2 岁的幼马发病，3 岁以上的马匹因有一定的免疫力，一般不再感染，即使感染也多为隐性经过，再次怀孕母马也较少发生流产。

马鼻肺炎自然感染的潜伏期为 2d ~ 10d，幼驹人工感染的潜伏期为 2d ~ 3d。幼驹发病初期高热，体温高达 39.5℃ ~ 41℃，可持续 2d ~ 7d。同时可见鼻黏膜充血并流出浆液性鼻液，颌下淋巴结肿大，食欲稍减，体温下降后可恢复正常。发热的同时白细胞数减少，而且主要是嗜中性白细胞减少，体温下降后可恢复正常。若无细菌继发感染，多呈良性经过，1 ~ 2 周可完全恢复正常。若发病后调教或劳役过度，易引起细菌继发感染，发生肺炎和肠炎等，造成死亡。病理组织学变化可见急性支气管肺炎，支气管嗜中性粒细胞浸润，支气管周围及血管周围的圆形细胞浸润，局部肺泡有浆液性纤维素渗出物潴留。支气管淋巴结的生发中心见坏死及核内包涵体。

成年马和空怀母马感染后多呈隐性经过，怀孕母马感染后潜伏期很长，要经过 1 ~ 4 个月后才发病。母马的流产多数发生在怀孕后的 8 ~ 11 个月，流产前不出现任何症状，偶尔有类似流感的表现。胎儿一般顺产，未见胎盘滞留，生殖道能正常恢复，无恶露排出，也不影响以后配种和怀孕。流产的胎儿多为死胎，一般比较新鲜，呈急性病毒性败血症的变化，胎盘、胎膜有充血、出血和坏死斑，流产胎儿大多出现黄疸，黏膜有出血斑。胎儿皮下，特别是颌下、腹下、四肢浮肿和充血，脐带常因水肿而变粗。胸水黄色或血样，腹水增多。骨骼肌黄染。肝脏充血肿大，质脆，被膜下有多量白色或黄色粟粒大的坏死灶。脾肿大，脾滤泡突起，小量不明显。肾脏瘀血，呈暗红色，被膜下可见小出血点。肾上腺未见明显异常。心脏的心冠沟及纵沟部外膜上有瘀血，两心室内膜下，尤其在左心乳头肌部可见瘀血或瘀斑。心肌暗淡，无光泽。肺脏有水肿和点状出血。胃肠黏膜常见有瘀血和散在的小出血点。接近足月产出的马驹可能是活的，但衰竭，不能站立，呼吸困难，黏膜黄染，常于数小时或 2d~3d 死亡。

（二）病原特征

马鼻肺炎的病原为 EHV-1 和 EHV-4，它们是关系密切的甲群马疱疹病毒，核苷酸序列同源性为 55%~84%，氨基酸序列同源性 55%~96%，属疱疹病毒科，具有疱疹病毒的一般形态特征，位于细胞核内的无囊膜核衣壳呈圆形，直径约 100nm，位于胞浆或游离于细胞外带囊膜的成熟病毒粒子呈圆形或不规整的圆形，直径为 150nm~200nm。病毒核芯直径 25nm~30nm，内衣壳厚 8nm~10nm，中层衣壳厚 15nm，外层衣壳厚 12.5nm，内层囊膜厚 20nm。在 CsCl 中的浮密度为 1.716g/mL。

本病毒不能在宿主体外长时间存活。对乙醚、氯仿、乙醇、胰蛋白酶和肝素等都有敏感。能被许多表面活性剂如肥皂等灭活，0.35%甲醛液可迅速灭活病毒，pH 值 4.0 以下和 pH 值 10.0 以上迅速灭活。pH 值 6.0~6.7 最适于病毒保存。冷冻保存时以−70℃以下为佳。在 56℃下约经 10min 灭活，对紫外线照射和反复冻融都很敏感。蒸馏水中的病毒，在 22℃静置 1h，感染滴度下降 10 倍。在野外自然条件下留在玻璃、铁器和草叶表面的病毒可存活数天。粘附在马毛上的病毒能保持感染性 35d~42d。

EHV-1 可分为 2 个亚型，即亚型 1 又叫胎儿亚型，主要导致流产；亚型 2 又叫呼吸系统型，主要导致呼吸道症状。来自流产胎儿的毒株在细胞培养物内增殖快速，细胞致病性强，感染细胞种类多。马体接种试验表明，来自流产胎儿的毒株较来自鼻肺炎病畜的毒株有更强的致病性，前者能在鼻咽部广泛增殖。

EHV-1 能在鸡胚成纤维细胞以及马、牛、羊、猪、犬、猫、仓鼠、兔和猴等多种动物的原代细胞上增殖，此外不能在牛胎肾、绵羊胎肾和兔胎肾等多种传代细胞内增殖。马肾细胞最适于 EHV-1 的分离培养，其次为猪胎肾。中国分离的毒株对乳仓鼠肾细胞的感受性很高。猪肾细胞与乳仓鼠细胞相同。由于来自不同马场的毒株之间有明显的差异，因此在作初代分离培养时，必须选择普遍易感的细胞种类。

初代分离毒株，随着在细胞培养物上传递代数的增加，出现细胞病变的时间明显缩短。当接毒量为 10% 时，到第三代在 2d~3d 开始出现细胞病变，3d~5d 可收获。细胞层呈疏松的纱布状，继之网眼不断扩大，直至细胞层全部脱落，显微镜下观察，首先见细胞呈灶状圆缩，折光性增强，病变中心部的细胞首先脱落，随后逐渐形成葡萄状和带状的细胞集聚，细胞脱光的空隙逐渐扩大直至全部脱光。经 H-E 染色的细胞培养物，可见核内嗜酸性包涵体和少量多核巨细胞。

（三）检测技术参考依据

1. 国外标准

WOAH 手册：Manual of Diagnostic Tests and Vaccines for Terrestrial Animals，Equine rhinopneumonitis

2. 国内标准

《马鼻肺炎病毒 PCR 检测方法》（GB/T 27621-2011）

三、马病毒性动脉炎

（一）疫病简述

马病毒性动脉炎（Equine viral arteritis，EVA），又称马传染性动脉炎、流行性蜂窝织炎、丹毒，是由马动脉炎病毒（Equine arteritis virus，EAV）引起，在马属动物之间通过呼吸道和生殖器官传播的一种急性传染病，主要特征为病马体温升高，步态僵硬，躯干和外生殖道水肿，眼周围水肿，鼻炎和妊娠马流产。

1953 年，马病毒性动脉炎首先在美国被发现，Doll 等人从马流产胎儿中分离出病毒，并定为 Bucyrus 株。目前在世界许多国家存在，已报道分离出病毒的国家有瑞士、波兰、奥地利、加拿大，其抗原性均与 Bucyrus 株一致。还有一些国家如英国、日本、法国、西班牙、爱尔兰、葡萄牙、埃及、埃塞俄比亚、摩洛哥、墨西哥、德国、瑞士、伊朗、丹麦、荷兰、澳大利亚、新西兰、意大利等国经血清学调查已证实有本病存在。马病毒性动脉炎为二类传染病，迄今为止只有一个血清型，本病的危害主要是引起妊娠母马流产，世界各国在马匹的进出境检疫中十分重视。

马病毒性动脉炎主要是通过呼吸系统和生殖系统传染。患病马在急性期通过呼吸道分泌物将病毒传给同群马或与其相接触的马。流产马的胎盘、胎液、胎儿亦可传播本病。长期带毒的种公马可通过自然交配或人工授精的方式把病毒传给母马。通过饲具、饲料、饲养人员的接触也能将病毒传给易感马。人工接种病毒于怀孕母马及幼驹，可使50%的幼驹死亡，母马则发生流产。在实验室内，马动脉炎病毒常用易感马传代来保持其对马的病原性。

患马可表现为临诊症状和亚临诊症状。大多数自然感染的马表现为亚临诊症状，实验接种马可表现为临诊症状。本病的典型症状是发热，一般感染后3d~14d体温升高达41℃，并可持续5d~9d。病马出现以淋巴细胞减少为特征的白细胞减少症，临诊病期大约14d。表现厌食、精神沉郁、四肢严重水肿，步伐僵直，眼、鼻分泌物增加，后期为脓性黏液，发生鼻炎和结膜炎。面部、颈部、臀部形成皮肤疹块。有的表现呼吸困难、咳嗽、腹泻、共济失调，公马的阴囊和包皮水肿，马驹和虚弱的马可引起死亡。怀孕母马流产，其流产可达90%以上。流产通常发生在感染后的10d~30d，出现在临诊发病期或恢复早期。动脉炎病毒可突破胎盘屏障而感染胎儿，胎儿常在流产前就死亡，易从流产胎儿特别是脾脏中分离出马动脉炎病毒。母马痊愈后很少带毒，而大多数公马恢复后则成为病毒的长期携带者。

（二）病原特征

马动脉炎病毒是一种有囊膜的球形正链RNA病毒，属冠状病毒科动脉炎病毒属。病毒粒子直径为50nm~70nm、核心平均直径为40nm，表面纤突长3nm~5nm。病毒的浮密度为1.7g/mL~1.24g/mL，分子量为$4.1 \times 10^6 \sim 4.3 \times 10^6$，基因组长度为13kb~15kb。病毒对0.5mg/mL胰蛋白酶有抵抗力，但对乙醚，氯仿等脂溶剂敏感。50℃ 1mol/L的$MgCl_2$溶液中加速病毒灭活。病毒在低温条件下极稳定，在-20℃保存7年仍有活性，4℃保存35d，37℃仅存活2d，56℃ 30min能使其灭活。动脉炎病毒能在许多细胞培养物中增殖，产生细胞病变和蚀斑，并可用蚀斑减数实验等方法鉴定。马动脉炎病毒增殖最适细胞株为马的皮肤细胞株E. dermNBL-6，病毒的复制快，产量也高。电镜检查证明，病毒的形态发生与病毒的生长密切相关。细胞在感染后9h~12h，出现核蛋白体聚积有及许多反常现象，例如细胞浆内出现特殊的膜样结构，但看不到病毒粒子，到18h，即可初次看到病毒粒子，在感染后的24h、30h、34h至43h，随着病毒浓度的增高，成熟病毒粒子的数目也增加，并可看到这些病毒粒子是从胞子浆的空泡中芽生出来，聚集在空泡内和散在于细胞间的空隙中。细胞浆此时已完全损坏，细胞核内没有病毒复制的迹象。胞浆空泡病毒粒子的平均直径是43nm。将病毒粒子从赤道线切开时，可测得其核心蛋白的平均直径是35±2nm。

（三）检测技术参考依据

1. 国外标准

WOAH手册：Manual of Diagnostic Tests and Vaccinesfor Terrestrial Animals，Equine viral arteritis

2. 国内标准

《马病毒性动脉炎检疫技术规范》（SN/T 1142—2011）

第三章
动物遗传缺陷防控措施

CHAPTER 3

动物遗传缺陷基因导致家畜遗传病广泛影响全球的畜牧业健康发展。目前已确认多种家畜遗传病，养殖业遭受巨大损失。家畜胚胎在植入子宫前后对致畸原敏感，易发生染色体畸变。家畜遗传病约一半由于染色体畸变所引起。带有致死或半致死基因的仔畜，常发生死产或在出生后不久后死亡。遗传病一旦发生，对疾病的诊断和防制措施、隐性基因携带者的检出和淘汰、畜群的更新、育种计划的调整等，都要耗费大量人力和资源，造成经济损失。种畜场发生遗传病隐患，若未及时发现，更会造成长期多方面损失，给生产带来很大困扰。此外，有害基因污染优良畜种的基因库，也成为育种工作的隐患，由此造成的损失更是不容忽视。

第一节
种牛遗传病及防控措施

———————◇———————

遗传缺陷一般遵循常染色体隐性遗传，公牛携带者不表现症状，但其冻精一旦被大规模使用，隐性缺陷基因就会在牛群中快速传播。这给广泛应用人工授精技术的奶牛业造成了巨大的经济损失。从境外引进的种牛精液和胚胎，一般要求不得携带有牛脊椎畸形综合征（CVM）、牛白细胞黏附缺陷综合征（BLAD）、瓜氨酸血症（CN）、牛蜘蛛腿综合征（AS）等主要遗传缺陷基因。出口方应对上述遗传缺陷基因在系谱上标识或者在销售合同中作明确约定。

一、牛脊椎畸形综合征

（一）症状

2001 年，丹麦科学家报道了荷斯坦牛群中存在一个隐性遗传缺陷基因，其纯合时可以造成妊娠奶牛流产、死胎或犊牛出生后很快死亡，患畜最显著的特征为脊椎弯曲畸形、两前腿筋腱缩短、无法直立行走，颈短、心脏畸形等综合征状，故称为"脊椎畸形综合征"（Complex Vertebral Malformation，CVM）。

(二) 病因

该遗传缺陷是由 21 号染色体上 FANC1 (fanconi anemia complementation~group1) 基因 25 ~ 27 外显子缺失引起的, 缺失长度 3329bp (BTA21: 21184870 ~ 21188198)。该隐性遗传突变基因可以追溯到美国一头非常著名的公牛 "Carlin-MIvanhoe Bell" (登记号: US1667366) 家系, 这头公牛可能是该遗传缺陷基因的共同祖先, 该公牛在全世界范围内广泛使用, 经查实, 该公牛的后代在我国亦广泛使用。一头优秀种公牛一生可以生产几十万剂甚至上百万剂冷冻精液, 由于冷冻精液和人工授精技术的普及和广泛应用, 优秀种公牛的遗传影响是显而易见的。可见, 荷斯坦牛群中发现的 CVM 遗传缺陷带来的是世界性的问题, 这导致近年来奶牛育种工作者在重视良种奶牛生产性能表现的同时, 更加重视优秀种公牛是否携带隐性有害基因。

CVM 携带者是指携带有 CVM 遗传缺陷基因的个体, 也称为杂合个体, 其表型正常, 与其他正常牛没有区别, 在临床上不发病; CVM 感染者是指 CVM 基因纯合个体, 在临床上表现为发病, 即流产、死胎或畸形。当两个 CVM 携带者交配, 其后代有 50% 的概率是正常个体, 有 25% 的概率是 CVM 携带者, 有 25% 的概率是 CVM 感染者。其中, CVM 携带者的产奶量与正常个体相同, 不会影响其生产性能的表现, 给奶牛养殖者带来直接经济损失的是 CVM 感染者 (25% 概率)。当正常公牛与 CVM 携带者母牛交配, 在理论上将产生 50% 正常个体和 50% 的携带者; 当正常母牛与 CVM 携带者公牛交配, 在理论上也将产生 50% 的正常个体和 50% 的携带者, 这两种选配方式都不会产生 CVM 感染者, 也就不会给奶牛养殖者造成直接经济损失。但是, 这两种选配方式的前提是必须首先知道配种牛是否携带 CVM 有害基因, 否则就无法控制 CVM 感染者的出生。

(三) 危害

CVM 的危害性在于妊娠母牛流产或出生犊牛畸形。据统计, 在母牛妊娠的 100d 内, 患 CVM 的胚胎的流产率是 29%; 当妊娠到 150d 时, 流产率上升到 45%; 当妊娠 260d 时, 有 77% 的 CVM 胎儿已经死亡, 而整个妊娠期能存活的 CVM 胎儿仅有 7%, 实际出生时犊牛的存活率可能更低, 危害着奶牛业的健康发展。由于胚胎流产、死亡或畸形可造成奶牛返情率升高、空怀时间或产犊间隔延长、久配不孕牛比率和淘汰率升高，从而严重影响牛场的产奶量和奶牛的繁殖力，增加奶业生产成本，降低商业化奶牛养殖者的经济收入。研究表明，CVM 造成的损失主要取决于因 CVM 所引起的母牛淘汰和更新费、出生犊牛死亡、必要的兽医人员费及产犊间隔延长而导致奶牛终生产奶量下降等，而淘汰母牛的成本又取决于母牛的年龄和淘汰母牛的市场价格。在英国，妊娠 150d 后出现流产的母牛将被淘汰掉。一头 CVM 携带者母牛可能带来的损失是 419 英镑。据估计，美国荷斯坦牛群中 CVM 携带者约占 10% 左右。

（四）控制措施

1. 不使用 CVM 携带者配种

虽然最彻底的办法是在奶牛群体中彻底剔除 CVM 隐性有害基因，但采用传统的数量遗传学方法——测交，则需要上百年的时间才能完成。当然，从理论上讲，如果在种公牛中淘汰所有的 CVM 有害基因携带者，强迫它们退出历史的舞台，并在后备种公牛选育和奶牛超数排卵时，也不使用 CVM 有害基因携带者的种子母牛和良种奶牛，那么，经过几个世代的选择后，隐性有害基因就会在奶牛群体中消失。但是，在我国由于各种条件的制约，无法在短时间内彻底剔除 CVM 有害基因携带者，一部分 CVM 携带者种公牛仍然会继续传播携带的隐性有害基因。这就需要合理地选种、选配，做到在奶牛场日常的生产上，尽量不使用 CVM 携带者的公牛和 CVM 携带者的母牛配种，以减少隐性有害基因纯合致死给奶业生产带来的危害。

2. 控制种公牛传播 CVM 有害基因的风险

母牛群体中 CVM 有害基因对奶业产生的影响是有限的，基因频率会随着世代的增加而在群体中逐渐降低，只要控制好种公牛中隐性有害基因的流向，就可以很好地降低 CVM 隐性有害基因对奶业产生的危害，从而达到提高奶牛场经济效益的目的。值得注意的是，在选育优秀后备种公牛时，必须对育种核心群中的种子母牛进行 CVM 有害基因的检测，防止隐性有害基因再次通过选种流入奶牛群中。

二、牛白细胞黏附缺陷综合征

牛白细胞黏附缺陷综合征（Bovine leukocyte adhesion deficiency, BLAD），是一种常染色体上单基因控制的隐性遗传疾病，是由 CD18 基因第 2 外显子（exon2）第 55 位碱基 A→G 突变引起的，该突变是错义突变，使 128 位天门冬氨酸突变成甘氨酸，导致白细胞表面的 β2 整合素表达明显减少或缺乏而引起临床发病。

BLAD 临床表现为严重的重复性感染、脓液形成减弱、伤口愈合延迟和白细胞增多为主要特征，也表现为犊牛初生重低和发育不良等症状。BLAD 是一种牛的造血系统遗传性疾病。以严重的重复性感染、缺少脓液形成、损伤愈合延迟和白细胞增多症为特征，实质是白细胞黏附及相关的功能包括吞噬和趋化作用缺陷。1974 年，世界上首次报道人发生一种容易感染、白细胞增生和趋化、吞噬功能缺陷的疾病，1984 年确定其病因，它是一种与白细胞黏附有关的细胞表面糖蛋白—整合素表达缺陷所致，并定名为白细胞黏附缺陷病（leukocyte adhesion deficiency, LAD）。近年来，在病人中又发现一种以反复感染、持续性白细胞增多、生长发育严重受阻以及与中性粒细胞黏附有关的选择凝集素配体活性表达缺陷的疾病，命名为白细胞黏附缺陷 2 型（LAD-2），前者则被称为 LAD-1。1975 年报道了一例爱尔兰塞特公犬发生本病，1983 年报道了一头 Holstein 小母牛发生本病，当时分别称为犬和牛的粒细胞病综合征（granulocytopathy syndrome）。对病因学的进一步研究发现，犬和牛的粒细胞病综合征的病因与人的 LAD-1 病因相同，故分别称其为犬白细胞黏附缺陷和牛白细胞黏附缺陷。目前，本病在美国、日本、德国、荷兰、丹麦等国均有发生的报道。

（一）病因及发病机理

本病病因为白细胞表面的一种称为整合素的糖蛋白表达缺陷，属于常染色体单基因隐性遗传类型。在炎症反应时，外周血液中的中性粒细胞经过一系列过程，包括被趋化物质和炎性刺激物致敏、黏附到血管内皮、穿过血管壁、在基质中向炎性部位趋化，最终到达病原侵入部位，对病原体直接做出反应。在此过程中，最为关键的是中性粒细胞通过表面的整合素糖蛋白分子与血管内皮黏附分子相互作用而黏附到血管内皮上。介导白细胞发生黏附作用的黏附分子按结构特征分为 3 类，即免疫球蛋白超家族、选择凝集素家族和整合素家族。整合素分子是由 α 亚单位（CD11）和 β 亚单位（CD18）以非共价键相连构成的异源二聚体。α 亚单位有 3 种，为白细胞功能相关抗原（LFA-1）、巨噬细胞抗原（Mac-1，也称为 Mo-1、OKM-1 和 CR3）和 P150、95（也称为 CR4 和 LeuM5），它们还分别称为 CD11a、CD11b 和 CD11c，相对分子质量分别为 18 万、15.5 万和 15 万；β 亚单位只有 1 种，称为 β2，相对分子质量为 9.4 万。每个整合素分子都是由其中的 1 种 α 亚单位和共同的 β 亚单位构成。α 和 β 均有较长的胞外区、跨膜区和短的胞浆区。整合素 LFA-1（CD11a/CD18）主要分布在淋巴细胞和中性粒细胞上，Mac-1（CD11b/CD18）分布在中性粒细胞和单核细胞上，P150、95（CD11c/CD18）在多种白细胞上都存在。LFA-1 的配体是细胞间黏附分子 ICAM-1、2、3（intercellular adhesion molecular-1，2，3），Mac-1 与 ICAM-1 和补体片段 iC3b 结合，P150、95 的配体是 ICAM-1。整合素的胞外区还可与胞外基质分子如纤粘连蛋白（fibronectin）、胶原蛋白（collagen）连接，胞内区与细胞骨架成分如纽蛋白（vinculin）、踝蛋白（talin）、α-辅肌动蛋白（α-actinin）、肌动蛋白（actin）等连接。在一些信号分子作用下，白细胞首先通过选择凝集素介导的相互作用而黏附到血管系统，这种状态导致整合素的激活，LFA-1（CD11a/CD18）在白细胞稳固黏附到血管内皮上和穿过这种屏障的移行中起主要作用，而 Mac-1（CD11b/CD18）是一种主要的吞噬细胞受体，同整合素 P150、95（CD11c/CD18）一起发挥作用，识别作为配体的纤粘连蛋白和补体片段 iC3b。此外，整合素像沟通细胞内外的桥梁，在细胞信号传导方面也起着重要作用。牛和犬的 LAD 以及人的 LAD-1 都是由整合素 β（CD18）亚单位变异所引起的。人的 CD18 基因被定位于 21 号染色体上。Shuster 等对一头患 BLAD 的 Holstein 牛 CD18 编码基因进行了序列分析，结果发现，383 位的碱基由 A 变为 G（A383G），与之相应的位于胞外高度保守区的 128 位的天门冬氨酸变成了甘氨酸，致使白细胞表面的 β2 整合素表达明显减少或缺乏而引起临床发病。另一个碱基则发生 T775C 变异，但其对应的氨基酸都是亮氨酸，故不引起发病。Hogg 等报道了人的一种新 LAD-1 病情，患者能够表达 β2 整合素，但没有功能。这是因为 β2 整合素基因发生了 T412C 变异，引起了氨基酸 S138P 的改变，这种变异使 β 亚单位仍能表达，但可能这种变异发生在 β 亚单位的二价金属阳离子依赖的黏附部位，从而影响了其功能的发挥。Kijas 等在 CLAD 犬检测到了 Cys36Ser 的变异，半胱氨酸残基在 β 亚单位中是保守的，它的变异可能破坏了二硫键，也导致了整合素的低水平表达。整合素的表达水平与疾病的临床表现密切相关，当表达水平低于 1% 时，临床出现严重的危及生命的感染，需要骨髓移植才能长期存活；当表达水平在 1%~10% 时，白细胞的运动、黏附和内吞噬功能缺陷，临床上发生牙周炎、皮肤感染和损伤愈合延迟；如果是杂合体患者（本病携带者），其表达水平为正常的 40%~60%，且临床上表现正常。但是，有些变异虽然表达水平较高，但是由于整合素无功能，临床上也表现明显发病。

（二）临床症状和病理变化

BLAD 多发生于 1~14 个月龄的 Holstein 牛，两性均可发病。本病是常染色体单基因隐性遗传类型，双亲均可作为本病隐性缺陷基因的携带者。出生小牛如为本病的纯合体，临床上即显症发病。杂合体犬交配，所生后代中发病和不发病的比率接近 1：3。BLAD 的主要症状是食欲不佳，鼻镜肿胀、有脱斑，泛发性淋巴结增生，颌下淋巴结肿大，为正常的 3~5 倍，口腔黏膜、齿龈和舌黏膜坏死性溃疡，齿龈萎缩，病程长者前白齿脱落。上、下颌骨增厚，发生骨质吸收和溶解。轻度下痢，胃炎，小肠出现卡他性至伪膜性肠炎，回肠发生慢性溃疡性肠炎。慢性咳嗽，有的表现为伪膜性鼻炎，坏死性喉炎，广泛的卡他性支气管肺炎，还可观察到多发性肺坏死灶。加耳标签所造成的损伤可引起耳部脓肿变形，但肿胀渗出物为黄色清水样，几乎没有渗出的中性粒细胞。胸穿刺和断角也可引发局部肿胀，长时间不能愈合。缺少脓液是本病的一个特征。患牛需要频繁或长期使用抗生素治疗来维持生存。Muller 等在研究中还发现，一旦病牛超过 12 月龄，感染的严重性和频率下降，而且只需要零星的抗生素治疗。BLAD 病牛一般对病毒感染能产生反应，但机体的特异性免疫反应明显降低和推迟。病牛还表现不爱运动，生长发育受阻，重症者体重仅为正常体重的 40%。恶病质，水肿以胸腹侧明显。病牛不发情，但体况发育相对正常的病牛有正常的发情周期。生长发育受阻的牛还表现出相对大的头和蹄、夜间磨牙等症状。所有病例均出现肝、肾变性，脾大。骨髓呈现灰红色外观，为髓样增生。组织学检查，在肺、喉、回肠及皮肤组织坏死病变的周围由纤维成血管细胞组织包围，坏死组织边界主要为巨噬细胞浸润，虽然可以看到明显的血管内白细胞增生，但缺乏血管外多形核细胞。可是在慢性卡他性肺炎，患牛肺泡和细支气管腔中却出现明显的多形核细胞浸润。根据炎症的发展，淋巴结出现急性或慢性反应，包括 B 细胞区的增生或缺失、副皮质区增生、与窦系统纤维性转变相伴的窦内组织细胞增多。所有脾大都是红髓增生，偶见白髓增生，红髓内还有大量的成熟多形核细胞。

(三) 血液学变化和白细胞机能

病牛白细胞明显增多。正常白细胞为 $(5.0 \sim 10.0) \times 10^9$ 个/L，分叶核为 $(2.5 \sim 5.0) \times 10^9$ 个/L。发病后白细胞为 $(29.0 \sim 181.0) \times 10^9$ 个/L，分叶核为 $(16.8 \sim 120.5) \times 10^9$ 个/L，占白细胞总数的 50% ~ 90%。Nagahata 等对 4 头病牛的检查结果是，白细胞总数为 $(36.0 \sim 220.0) \times 10^9$ 个/L，其中分叶核占 70% ~ 90%，光学显微镜和电镜下没有发现明显的形态学改变；血清中总蛋白没有明显改变，但 γ 球蛋白明显升高；白细胞表面整合素表达降低；CD18 为正常对照牛的 0.1% ~ 1.7%。Cox 等的研究结果也是如此，即无整合素表达或很弱的整合素表达，但隐性携带牛的表达水平为正常的 56% ~ 90%。CD11a、CD11b、CD11c 的表达水平也明显降低，这可能是由于不能与 β 亚单位形成二聚体所致。各种白细胞的功能也发生改变。中性粒细胞对塑料板和尼龙纤维膜的黏附性显著降低，BLAD 牛中性粒细胞对胞外基质胶原蛋白和纤粘连蛋白的黏附比对照组明显降低，但对层粘连蛋白的黏附性与对照组相似。中性粒细胞的无方向随机运动和对趋化因子的趋化作用显著降低。正常中性粒细胞对酵母的吞噬能力为 90% ~ 97%，而且多数中性粒细胞吞噬 2 ~ 5 个酵母，但 BLAD 牛中性粒细胞的吞噬能力约为 10%，而且仅吞噬 1 个酵母，说明其吞噬能力明显下降。另外，用胶乳珠 (latexbead) 和 PMA 刺激的 (CL) 反应无明显改变或略高，说明氧化代谢功能不受影响；但用血清调理的酵母聚糖 (opsonized zymosan, OPZ) 刺激的化学发光 (CL) 反应降低，说明 iC3b 依赖性中性粒细胞氧化代谢功能受到影响，即 CR3 介导的功能受到了影响。BLAD 牛中性粒细胞 Fc 受体表达量比正常牛明显增加，这种现象可能是因为 CR3 缺陷引起机能下降的代偿性增强，但 Fc 介导的吞噬活性和过氧化物的产生则明显低于正常牛的中性粒细胞。认为 Fc 介导的中性粒细胞功能有赖于细胞表面 CR3 (CD11b/CD18) 的存在。随着白细胞总数的增加，BLAD 牛单核细胞的数量也比正常牛多 5 ~ 10 倍，也表现出 CD18 缺陷。对塑料板的黏附和对趋化因子的趋化作用明显下降，而且游走单核细胞的比例也明显低于正常；OPZ 刺激的化学发光反应也显著下降；单核细胞的 Fc 受体是正常的 1.8 倍，Fc 受体介导的化学发光反应是正常的 1.27 倍。BLAD 牛淋巴细胞的比例和正常牛大体相同，对非特异性促有丝分裂物质的刺激有良好的反应。BLAD 牛血清中 IgG 浓度明显高于正常牛，说明淋巴细胞系具有正常的功能。但 Muller 等试验证实，机体的特异性免疫反应明显降低和推迟。

（四）基因诊断

从牛的外周血白细胞中提取 mRNA，用反转录-聚合酶链反应方法来扩增含有 383 位碱基变异的 CD18 基因片段，然后对扩增产物用限制性内切酶 Taq I 和 Hae III 进行酶切，根据电泳后酶切片段来进行诊断。Shuster 等使用引物扩增了 1 个含有 383 位变异位点的 58bp 片段，然后用 Taq I 酶切，正常牛产生 32、26bp 2 个片段；用 Hae III 酶切产生 49、6、3bp 3 个片段，但 6、3bp 片段电泳检出比较困难，一般只能见到 49 片段。BLAD 牛的扩增产物由于 Taq I 酶切位点变异，用 Taq I 无法切开，电泳只有 58bp 片段，而用 Hae III 酶切后产生 30、19、6、3bp 4 个片段，但电泳后也只能见到 30、19bp 2 个片段。BLAD 携带牛用 Taq I 处理后，电泳可见到 58、32、26bp 3 个片段，用 Hae III 处理后电泳可见到 49、30、19bp 3 个片段。此方法可以区分 BLAD 牛、BLAD 携带牛和健康牛。但由于使用这样引物扩增的基因片段及其酶切产物都比较小，电泳后不易观察和区分，Tajima 等用另外一对引物扩增了大约 600bp 的片段，使用 Taq I 处理后健康牛产生 100、200、300bp 3 个片段，BLAD 牛产生 200、400bp 2 个片段，而 BLAD 携带牛则出现 100、200、300、400bp 4 个片段。此外，Tammen 等和 Kriegesmann 等也都分别对本试验进行了改进，使扩增片段延长，酶切后也易于区分各个电泳带。该试验为本病提供了一种有效的诊断和检疫方法。

（五）治疗和防制

本病的治疗方法主要是对化脓进行治疗和用抗生素对感染进行预防、治疗。发病较轻者，采用这种方法可以存活一定时间，但无法得到根本性治疗。该病一般都会很快死亡。Nagahata 等采用骨髓移植的方法治疗了一头 9 月龄的 BLAD 小母牛，移植后病情似乎得到了改善，经过 28 个月的观察，病情仍然稳定。自 BLAD 发现以来不到 20 年，其已成为世界各国奶牛业的一个重要疾病。美国曾检测了 2025 头奶牛，结果 BLAD 携带率占 14.1%，其中产奶性能高的前 100 头奶牛 BLAD 携带率高达 17.1%。Holstein 母牛群中携带率为 5.8%，而出生的 Holstein 牛的发病率大约在 0.2%。据估测，美国的 1000 万头奶牛中有 80% 是 Holstein 牛，每年大约出生 1.6 万头 BLAD 牛，每头损失按 300 美元计，每年引起的经济损失可达 500 万美元；日本检查了 846 头奶牛，其中 BLAD 携带者 91 头，携带率为 10.8%；丹麦检查了 1611 头牛，其中 BLAD 发病牛 8 头，携带牛 346 头，发病率约 0.5%，携带率 21.5%。由于本病是常染色体单基因隐性遗传，发病都与种公牛密切相关，而且用于繁殖的种公牛数量很少，故他们都采用了从育种库中淘汰携带 BLAD 种公牛的办法来净化本病。我国拥有 400 万头以上的 Holstein 奶牛，但是对 BLAD 在牛群中的发病情况和携带率尚不清楚。

三、瓜氨酸血症

瓜氨酸血症（Citrullinemia，CN）是荷斯坦牛尿素循环发生代谢紊乱的一种常染色体单基因隐性遗传缺陷病。病牛体内由于缺乏尿素代谢过程中催化瓜氨酸生成精氨酸琥珀酸的关键酶——精氨酸琥珀酸合成酶，导致瓜氨酸不能转变为精氨酸琥珀酸而大量积蓄于组织及血液中，从而造成尿素循环发生代谢障碍，使氨无法转变为尿素排出体外，引发一系列神经症状。病牛出生时表现正常，但不久后出现精神沉郁、步态紊乱、惊厥、失明等症状，一般出生后 5d 死亡，死亡率 100%。Robinson 等通过分析 CN 个体的基因型发现，CN 个体精氨酸琥珀酸合成酶外显子 5 发生 C~T 的点突变，使密码子 CGA 转变为终止密码子 TGA，从而其翻译产物——精氨酸琥珀酸合成酶变成截短了的 85 个 AA 的蛋白质（正常为 412 个 AA），而失去酶活性。CN 是奶牛的一种常染色体隐性遗传病，1989 年由 Dennis 等发现。

该病患牛出生时表现正常，但在出生一周后就会由于血氨浓度过高而造成死亡，死亡率高达 100%。该病隐性缺陷基因携带者不表现任何临床症状，隐性缺陷基因可遗传给子代个体，只有当子代出现隐性纯合子时才会被发现并淘汰，这将会给奶牛业的发展造成巨大的损失，同时也不利于奶牛育种的发展。

目前，许多国家（地区）已经开始进行奶牛中 CN 携带者的筛查工作，主要采用 PCR-RFLP、PCR-SSCP 和基因测序等，但这些方法不适于大规模的批量检测。Robinson 等对澳大利亚 367 头荷斯坦公牛进行了检测，结果公牛携带率为 0.3%。通过分子生物学方法检测奶牛群，尤其是种公牛的遗传缺陷，并淘汰携带个体，已经成为奶业发达国家（地区）奶牛育种中提高牛群种质的一个重要手段。由于遗传缺陷病的隐性遗传方式，携带缺陷基因的杂合子表型正常。根据孟德尔理论，一旦两个杂合体交配，后代就会有四分之一个体隐性纯合而表现发病。这使得在广泛应用人工授精技术的奶牛业中对牛群尤其是种公牛遗传缺陷基因的研究、检测，从而淘汰携带缺陷个体至关重要。在我们所检测的公牛群中未发现瓜氨酸血症突变的杂合子，是由于这些公牛亲代均进行了遗传缺陷的检测，并证明为非携带者。奶业发达国家（地区）十分重视对种群中遗传缺陷的检测及净化，已经发现了 12 种遗传缺陷，包括尿苷酸合酶缺乏症、白细胞黏附缺陷综合征、脊椎畸形综合征、瓜氨酸血症、侏儒症、牛头犬、皮肤缺陷、红齿、单蹄、无毛、怀孕期延长和红毛，并建立了比较完善的检测及防控体系，奶协登记在册的种公牛系谱中都包括是否携带上述 12 种遗传缺陷的检测结果。我国在种公牛选育体系中应加快开展遗传缺陷检测方法的研究。本研究利用 PCR-RFLP 方法建立了适于大规模检测奶牛遗传缺陷——瓜氨酸血症的检测方法，CN 是一种常染色体隐性遗传病，首先在澳大利亚被发现。经过对患牛的系谱进行追踪，发现该病来源于美国公牛 Linmack Kriss King，由于其冷冻精液进境使得该突变基因在澳大利亚牛群中广泛散布。

我国每年从澳大利亚进口数万头牛，同时也从境外进口优良牛的冷冻精液进行育种，如果母牛是 CN 的携带者，其后代公牛也有可能成为 CN 的携带者。如果 CN 携带者被培育为种公牛，那么该突变基因也将会在我国牛群中得到传播。因此，不仅需要对育种公牛进行筛查，同时也需要对育种母牛基因型进行鉴定，尽量排除 CN 携带者作为母本的可能，从根源上控制其传播。焦磷酸测序技术应用于 CN 检测的方法，可对 CN 不同基因型进行检测，且该法快速、高通量且重复性、可靠性高，为 CN 基因型分型、携带者筛查及奶牛育种提供了一种新的方法。对建立健全我国奶牛育种体系，剔除隐性缺陷基因，保证牛群种质，获得稳定的遗传进展，保持奶业的可持续发展，有着重要的意义。

四、牛蜘蛛腿综合征

牛蜘蛛腿综合征（Arachnomelia syndrome，AS）是主要在欧洲瑞士褐牛和德系西门塔尔牛群体中出现的一种以骨骼畸形为病理特征的先天致死性遗传病。牛蜘蛛腿综合征是一种隐性遗传疾病，虽然在瑞士褐牛和西门塔尔牛中症状相同，然而却是由两个不同的基因突变引起的，分别是SUOX 基因 c. 363-364insG 突变和 MOCS1 基因 c. 1224-1225delCA 突变。

牛蜘蛛腿综合征最早是于 1975 年，由德国科学家 Rieck 和 Schade 报道的，当时在荷斯坦、红色荷斯坦和西门塔尔牛群体中都发现了患病个体。该疾病是一种牛的先天性骨骼系统畸形遗传病，由于患病犊牛外观像蜘蛛而得名。此后，在 20 世纪 80 年代，欧洲瑞士褐牛中大量报道了蜘蛛腿综合征患病个体。2004 年，意大利也报道了 4 头患病瑞士褐犊牛，并详细描述了其主要的临床症状和病理特征。在西门塔尔牛群体中，除了 1964—1974 年 Rieck 和 Schade 的记录外，2006 年 Buitkamp 又一次报道了德系西门塔尔牛中出现的疑似蜘蛛腿综合征个体。到目前为止，其他牛品种中还未发现蜘蛛腿综合征的病例报道。蜘蛛腿综合征患病犊牛体重较轻，头部、背部和四肢的骨骼均表现畸形。主要特征是：（1）头部畸形，包括下颌骨短，上颌骨向下凹陷，上颌前端呈圆锥形，并向上微微翘起；（2）背部畸形，脊柱向背侧弯曲，明显"蜷缩驼背"状态，但是肋骨和肩胛骨正常；（3）四肢僵直，骨骼畸形，后肢畸形尤为严重，掌骨和跖骨向内侧弯曲与身体平行或呈一定角度，长骨骨干比正常犊牛细而脆弱，骨端正常，即所谓的"蜘蛛腿"，经常伴有的自发性骨折，在分娩过程中可能会伤害母牛产道；腿部肌肉有萎缩现象。长骨横截面比较发现患病犊牛长骨的外径和内径偏小，但是骨密质部分宽度未发生改变。患病个体一般都同时存在 3 种上述部位的畸形，不单独出现某个症状，但畸形损伤的程度呈现个体差异，从严重畸形到中度或轻度畸形，这给病理确认增加了难度。此外，个别 AS 犊牛还同时伴有心脏疾病或脑积水等病理特征。20 世纪 80 年代，科学家对历经 20 年时间收集到的 15 头患病瑞士褐牛进行系谱分析，所有个体都能追溯到同一个祖先——来自美国 Norvic Larry 牛场的瑞士褐公牛 LILASON，并且推断 AS 呈现简单孟德尔隐性遗传病特征。瑞士褐牛群体有可能是由于大量使用这头经高度选育的公牛及其后代的冻精，从而引起该病致病基因的广泛传播，导致发病。当时，育种学家通过系谱分析找出携带者，淘汰患病后代的父母，减少携带者比例，进而逐步降低了该病致病基因在瑞士褐牛群体中的频率。2008 年，Buitkamp 等对德系西门塔尔牛中 152 头发病犊牛进行研究，从患病个体向上追溯了 6~7 代的系谱，包括 150 条父系传递链和 106 条母系传递链。结果显示全部父系系谱和大部分母系系谱都可以追溯到同一头公牛 SEMPER，并且排除了性连锁遗传和显性遗传模式的可能性，进一步结合测交试验证实了该病在西门塔尔牛群体中是属于常染色体单位点控制的隐性遗传疾病。

（一）牛蜘蛛腿综合征的分子机理

系谱追踪和测交试验研究显示，在瑞士褐牛和德系西门塔尔牛群中，AS 都是常染色体隐性遗传疾病。但是两个群体 AS 的定位结果不同，推测可能潜在的突变机制也存在差异。瑞士褐牛 AS 最新研究进展表明，该病是由于 SUOX 基因外显子上 1bp 的碱基插入导致，而西门塔尔牛 AS 具体的致病基因或突变位点目前还没有定论。

1. 定位结果及瑞士褐牛 AS 致病基因分析

德系西门塔尔牛和欧洲瑞士褐牛 AS 病有着相同的表型特征，但是系谱分析分别追溯到不同的祖先，基因定位的结果显示二者的致病基因可能存在于不同的染色体区段内。德系西门塔尔牛的 AS 致病基因定位在 BTA23。2009 年，Buitkamp 等使用 203 个微卫星标记对 4 个半同胞家系的 19 头患病犊牛和 10 头犊牛母亲进行致病基因区段的排除定位，找到 4 个 LOD 值高于 1 的标记，分别位于 BTA23、BTA4 和 BTA5。然后对同一头公牛的 24 头患病犊牛及犊牛母亲在这 3 条染色体上进行标记配对连锁分析，最终将 AS 的基因定位在 BTA23 上 IOBT528 标记附近。随后在 IOBT528 周围增加新的标记，增加 22 头患病犊牛进一步进行连锁分析，将致病基因定位在微卫星标记 DIK4340~BM1815 之间 9cm 范围内，物理距离共 7.3Mb。但是，截至目前，还没有找到具体的致病基因及其突变。

欧洲瑞士褐牛的 AS 致病基因定位在 BTA5 上。同年，Drögemüller 等对瑞士褐牛群 AS 进行了研究，使用了覆盖牛 29 对常染色体的 240 个微卫星标记，对 15 头患病个体和 36 头已知确认的 AS 杂合子进行全基因组扫描，将基因定位在 BTA5 上 3 个连续标记间，进行连锁分析也证明了 AS 基因在此区间内。进一步精细定位和单倍型分析的结果揭示导致瑞士褐牛蜘蛛腿综合征的致病基因可能存在于 BTA5 上微卫星标记 BMS490 和 DIK5248 之间，跨度约 8cm，物理距离在 7.19Mb 范围内。Drögemüller 等证实 SUOX 基因 c.363-364insG 突变是导致瑞士褐牛 AS 的致病突变。

2. 西门塔尔牛 AS 候选基因分析

动物中的骨骼系统遗传疾病有很多种，运用比较基因组学、基因网络分析等方法可能会找到西门塔尔牛 AS 致病基因。蜘蛛腿综合征不仅在牛上有发生，在羊上也有类似病症。羊蜘蛛综合征（Spider lamb syndrome, SLS）最早是在 20 世纪 70 年代报道，是一种遗传性半致死性先天骨病，也呈现简单孟德尔隐性遗传模式。Cockett 等将 SLS 致病基因定位到 6 号染色体端粒附近，并提出了纤维母细胞生长因子受体 3（Fibroblast growth factor receptor 3，FGFR 3）有可能是其位置候选基因。Beever 等对 FGFR3 基因分析发现第 17 外显子 1719 位碱基 T>A 突变导致了氨基酸序列的改变，从而找到了造成 SLS 的致病突变。在小鼠和人类中，FGFR3 的突变可引起很多骨骼系统的疾病，例如人类和小鼠的 ACH（Achondroplasia）和 HCH（Hypochondroplasia）。牛的 FGFR3 基因已定位在 BTA6 上，与瑞士褐牛和德国西门塔尔牛 AS 致病基因所在的 BTA5 和 BTA23 不同。Takami 等将 FGFR3 基因作为日本褐牛软骨发育异常性侏儒症的位置候选基因进行分析，结果表明 FGFR3 不存在多态，不是导致软骨发育异常性侏儒症的病因。FGFR3 是不是 AS 的致病基因，还需要进一步的证实。瑞士褐牛中蜘蛛腿综合征的致病基因的筛查与验证为西门塔尔牛候选基因的分析提供了有力的参考。西门塔尔牛中 AS 是否也是由于 SUOX 基因上相同突变所致，还是定位区段内与 SUOX 相关通路上其他基因突变导致，需要进一步研究证实。骨骼的发育、形成是一个非常复杂和精细的调控过程，包括骨骼的形成、生长和激素调节。目前已知的控制骨生长的信号通路，有 Ihh/PTHrP 通路、FGF 通路和 BMP 通路；对生长板起关键作用的转录因子包括 SOX9 和 Runx2。通过对 BTA23 上可能 QTL 区间内相关功能基因筛查，结合和参考骨骼发育机理以及相关物种此类疾病的研究，来寻找西门塔尔牛中 AS 的致病基因，是一种可行之路。

（二）结语

综上所述，牛蜘蛛腿综合征无论在瑞士褐牛群体还是德系西门塔尔牛群中都是由常染色位点控制的隐性遗传疾病，但是两个群体中携带者祖先不是同一个体，而且分子研究结果显示可能的致病基因也不在同一位置。由于骨骼发育过程和调控机理非常复杂，因此，虽然西门塔尔牛 AS 致病基因已定位到染色体上的某些区域，但是真正的致病基因和/或突变位点仍然未知，需要结合骨骼发育信号通路相关候选基因继续研究。牛蜘蛛腿综合征传播的直接原因是携带者公牛的广泛使用，致病基因在群体中逐渐扩大，导致了疾病的发生，给生产带来经济损失。Buitkamp 等通过计算机模拟的方法估计了德系西门塔尔群体中 AS 致病基因的基因频率为 0.332。目前，虽然该病只在欧洲瑞士褐牛与德系西门塔尔牛出现，但是由于牛种质资源在世界范围内共享，以及奶牛杂交生产模式的流行，很有可能将该致病基因引入到其他牛群中。随着中国奶牛杂交生产以及肉牛改良工作的开展，大量从境外，包括德国在内，引进西门塔尔优秀种公牛和公牛冻精，其中存在 AS 携带者。为了防患于未然，杜绝 AS 疾病给我国牛业带来不必要的损失，早发现、早淘汰是最好的途径。通过研究找到 AS 的致病基因或者与之紧密连锁的遗传标记，建立快速准确的携带者分子检测平台，完善我国牛遗传疾病数据库，同时结合系谱分析，对引进西门塔尔牛以及现有群体中携带者的后代进行筛查，及时淘汰携带者，对我国奶业和肉牛业的发展都具有非常重要的意义。

第二节
种猪遗传病及防控措施

一、遗传缺陷产生的遗传规律及发病机理

遗传缺陷是猪群中常见的一类异常，其发生机理是由于调节抗体内发育及代谢通路的遗传物质发生变异，使通道的某个环节受阻，从而引起机体结构异常或功能的损害，使发育的个体所患的缺陷或异常。遗传缺陷具有先天性和家系遗传的特征，遵循孟德尔遗传规律向后代传递。对于占大

部分的隐性缺陷而言，由于等位基因（Aa）的显隐性关系，杂合子不会表现发病。但如果表型正常的携带者（Aa）交配产生表型正常与缺陷纯合个体的比例为 3∶1，后代基因型 AA、Aa、aa 个体的比例为 1∶2∶1，也就是50%个体为携带者，如果在胚胎时期 aa 个体流产或出生时即死亡，那么后代携带者为 2/3，也就是 67%个体为携带者。

任何一个性状的表现都是一系列复杂的生理、生化反应的结果，在这一反应过程中牵涉到许多对基因，因此即使质量性状由少数基因控制，其性状的选择或许都不会如想象中般简单易行。所以发生遗传缺陷的主要遗传方式是多基因遗传缺陷，多基因遗传缺陷是由多对等位基因控制和环境因素参与的一类疾病，是在微效基因加性作用的基础上，加上环境因素的作用而发病。研究表明，有一些复杂疾病，它们受控于一种多基因背景上起作用的易感主基因，同时受主要环境因素的影响，所以，发现这些易感基因是认识复杂疾病病因的关键，另外寻找疾病的环境诱因也是非常重要的。

二、猪隐性遗传缺陷的发生类型及遗传方式

据文献报道，猪的阴囊疝、脐疝、锁肛、隐睾等均为遗传缺陷。大量研究报道表明，猪阴囊疝就具有明显的家族性遗传，符合两对隐性基因重叠遗传，致病基因在常染色体上两对隐性基因 h1h2，即只有 h1h1h2h2 纯合子时才表现出阴囊疝，遗传病患者父母均为致病基因携带者。脐疝是肠管经脐部突出于皮下，有家族性。猪隐睾，单双均有家族性，过去的资料认为是常染色体隐性遗传，近来资料认为是多基因遗传。猪内陷乳头也受控于一个常染色体隐性基因，Clayton 等（1981）发现此种异常属多基因遗传，遗传力约 0.2。

（一）猪应激综合征

猪应激综合征（PSS）是指猪机体在受到内外环境因素的刺激所发生的非特异性全身性反应，最常发生于封闭式饲养或者屠宰场里饲养待宰的猪。本病主要表现为急性死亡或屠宰后肌肉苍白，柔软和有水分渗出。目前长白猪发病率最高。猪应激综合征在国内外都广泛出现，在肉质、生长、繁殖等方面引起的经济损失巨大。现在猪应激问题越来越受到各国（地区）的重视。

1. 病因

国内外专家研究发现，发病的主要原因是基因突变所致。美国农业部（USDA）的科学家们已经发现了一个基因，被称为抗肌萎缩蛋白的缺陷是一种新发现的猪应激综合征的原因。在美国生殖研究单位的分子生物学家丹诺纳曼和他的同事验证了应激障碍在抗肌萎缩蛋白基因突变。突变的抗肌萎缩蛋白，导致肌营养不良症与肌肉无力，可能与导致死亡相关。另外猪在受到许多致病因素如拥挤、过热、过冷、长途运输、驱赶、抓捕、惊吓等因素作用下，瘦肉率较高的猪极易发生应激反应，并且刺激强度很大的时候，将会引起猪只的急性死亡。

2. 临床症状

根据在屠宰场实地观察以及研究发现，本病主要有以下三种表现形式。

（1）白猪肉型（PSE），本病在生前就可观察到，发生本病的猪多数是瘦肉率较高的品种猪，受到剧烈刺激时患猪在背部、腿部和尾部肌肉出现快速的颤抖，继而发展成肌肉僵硬，严重的患猪不能移动；在驱赶时出现呼吸急促、皮肤由发白转为发紫色、眼球突出、震颤，运输途中易发生原因不明的急性死亡；有时可出现四肢肌肉发生萎缩，步态不稳。

（2）猝死性应激综合征，多发生在运输、免疫注射、抓捕等强烈刺激时，猪只无任何临床症状而突然死亡，死后病理变化不明显。

（3）恶性高热综合征，患猪出现体温过高，皮肤潮红，有的出现紫斑，全身颤抖，肌肉僵硬，呼吸困难，此类多发生于拥挤和炎热的季节。

患猪死后发现肌肉温度升高，解剖时可见背部、腿部、腰部和肩部的肌肉苍白、柔软和水分渗出。应急刺激反复严重的病猪肌肉可呈干性的暗色，即临床上所说的干硬黑变。

3. 临床病型

根据症状表现，临床有如下病型：

（1）应激遗传病型，受应激源的影响，猪体表现症状：初期，不安、睁大眼睛、心跳加快、呼吸增速、肌肉震颤；后期，尾部、后背、前肢渐进性痉挛、强制；最后，呈急性衰竭性死亡。

（2）非应激遗传病型，短时间的应激影响，猪体表现症状：不安、睁大眼睛、心跳加快、呼吸增速、肌肉震颤、体温高升、食欲废绝、皮肤发绀红斑，个别会急性死亡，出现休克症状。多数情况下，猪只会慢慢适应，克服应激。但是，这种低强度的应激，长时间影响的话，会影响到生猪的体重、生产力、繁殖机能、精神状态、免疫能力等。

4. 诊断

根据病史调查、临床特异性症状、肌肉特征性颤抖、体温迅速升高和肌肉僵硬等症状不难作出诊断。

5. 防治

（1）治疗：发现猪发生应激反应，要马上解除应激因素，病猪静脉注射镇静剂、碳酸氢钠和生理盐水，以纠正酸中毒，将病猪移到凉爽、通风的环境中，保持安静，使病猪慢慢适应环境。

（2）预防：预防本病最好的方法是科学地饲养管理，淘汰应急敏感猪，使猪群中应激基因的频率降低。为减少 PSE 猪肉的产生，最好屠宰前的运输距离不要超过 300km，宰前停饲 12h~22h，静候 2h~24h，使猪对应激因素如人员、混群等有一个熟悉的过程。当猪面临应激因素的刺激时，可使用抗应激药物来减少应激反应的程度。一般使用氟哌酮注射剂用于预防猪的应激反应，一般运输引起的应激反应用 0.4mg/kg~1.2mg/kg，严重的刺激大猪 4mg/kg，小猪 8mg/kg，该药用于防止猪混群时争斗等应激及其他应激症状均有效。该药作用快，可在 2h~3h 内发挥药效，大约在 16h 左右就能从体内排出，故要屠宰的猪应在宰前一天使用。

猪在应激因子如高温、剧烈运动等的作用下突然死亡，屠宰后肌肉呈现 PSE 肉。猪应激综合征常呈染色体隐性遗传，在生长速度、饲料报酬和胴体瘦肉率上，这种杂合子的性能优于显性纯合体的猪，因此，人们在选种时可能不自觉地将它们选留下来。可通过氟烷基因检测法检测出纯合和杂合的应激敏感携带者。要减少应激综合征的发生，就应在育种群中淘汰所有隐性基因携带者，以及它们父母及同窝出现的猪。

（二）阴囊疝

发生在公猪的遗传缺陷，是肠通过大腹股沟落入阴囊而形成，发生在左侧的频率高于右侧，其遗传方式至少与两对隐性基因有关，并与母体和环境影响有关。如在群体中发病率高，就应该淘汰患猪及其父母与同胞。

（三）脐疝

此症是由于肚脐部支撑性肌肉松弛而使肠道突出到腹壁外形成。在生长期间，一些小猪会因小肠的绞结而死亡，但大多数患猪不会受到太大的影响而达到上市体重。由于该缺陷的遗传机制尚不清楚，所以，并不主张淘汰有亲缘关系的个体。

（四）锁肛

其特征是患猪出生时就没有直肠出口。公仔猪出生后几天内就会死亡，除非采用手术来治疗，没有肛门的母仔猪通常由阴道排出粪便，因而能正常生长。此症为50%外显率的隐性遗传。如群中发病率高，应淘汰患者及其父母与同胞。

（五）隐睾

指公猪的一个或两个睾丸滞留在腹腔内。只有一侧睾丸降至腹腔称为单睾，两个睾丸都在腹腔内的公猪是不育的。这种限制性遗传病可能至少与两对隐性基因有关。应该从育种群中淘汰患猪及其父母与同胞。

（六）雌雄同体

该现象常发生在欧洲的大白猪和长白猪上，美国约克夏和长白猪也有发生。这种缺陷一般受相对简单的遗传因子控制。可通过淘汰患猪及其父母与同胞来减少发病率。

（七）震颤

猪的大多数震颤是先天性的，通常在猪出生后几小时内发生，其特点是头颈和四肢有节奏的震颤，强度有大有小，症状轻的猪能够行走和吃奶；但重症猪则不行，会因饥饿、受寒或遭母猪挤压而死。患猪在寒冷和其他刺激的影响下，颤抖会更厉害，幸存者随着年龄的增长，震颤程度会减轻。不过有些类型的震颤是在较大年龄时才开始出现的，该缺陷又叫抖抖症。

（八）腿部缺陷

已发现猪的腿部缺陷有多种，最常见的先天性缺陷有以下五种：

1. 外翻腿，又叫八字腿，在腿部缺陷中最为常见。出生时或出生后不久不能站立或走路。该现象表现在所有猪种上，但在长白猪和约克夏猪中最为多见。

2. 曲腿，致死性缺陷，一般只影响前肢，但有时也涉及后肢。患猪的腿部呈直角向后弯曲且僵硬。如果发病率高，又有遗传性，应淘汰患猪父母及其同胞。

3. 多趾，前脚多趾现象十分常见，该缺陷对经济影响不大，原因尚不清楚。只需淘汰患猪个体。

4. 并趾，又称单蹄，每只蹄上只有一个脚趾，如同单蹄动物，该症为单基因显性遗传，只需淘汰患猪个体。

5. 前肢肥大，患猪前肢肌肉被结缔组织取代，使前肢异常肿大，常在出生后数小时死亡。如发病率高，且具有遗传性，应淘汰患猪及其父母和同胞。

猪的先天性缺陷据记载远超 100 种。哪些种类是主要的，不同地区的猪群可能有很大差异，与调查操作方式也有关系。最频发种类亦可能因品种而有不同。据报道，地方猪种如宁乡猪、大围子猪中，阴囊疝、内陷奶头发生率较高。而引进猪种如长白猪、大白猪中，则锁肛、单睾较多。以锁肛为例，大围子猪的发生率仅 0.66%、杂种猪 0.3%、引进猪种达 0.74%。先天性震颤、脊柱弯曲、旋毛、羊毛状毛都只发生于引进猪种。杂种猪中遗传疾患发生率较低。

(九) 蔷薇糠疹

蔷薇糠疹是一种过敏性皮肤病，损害皮肤美观又需额外的治疗费用。此病开始表现为豌豆大小的充血斑点，通常在腹部皮肤，后以与患癣菌病时所见相似的方式扩展，周缘发炎。常发生于出生后 2 个月或 3 个月，因此不是先天性的。诊断时可能与癣菌病等混淆。

三、遗传疾患的预防措施

（一）严格选种，健全系谱，实行严格的淘汰制度。为了防止遗传缺陷的流传，首先的任务是做好选种工作，除了已表现出症状的个体绝对不能作种用外，对可疑的隐性有害基因携带者也不容忽视。如果母猪后代中出现疝气，则全窝不留作种用，可以作肉畜饲养，与配公猪最好不作种用。按此法选育种猪，经过多个世代的选育，可逐步减少猪群中隐性有害基因的频率，从而减少各类遗传缺陷病的发生。

（二）避免盲目的近交，近交会使遗传病杂合子交配的机会大增，因为群体中外表正常，是异常基因携带者的数量相对较多。

（三）健全档案资料，做到有案可查，除了对猪群血统关系、生产性能有明确的记录外，对各胎次出现遗传缺陷及异常的情况也应记载清楚，以便全面考察种猪性能。

（四）降低不良环境因素对猪群的影响，多基因遗传缺陷是遗传因素与环境因素相互作用的结果，例如母亲有甲状腺功能低下，胎儿容易产生隐睾，可见母体的内环境对胎儿所产生的影响很大。除此以外，高温高热、不良用药、意外创伤、应激因素等环境因素都会增加遗传缺陷发生的概率。

四、遗传疾患的排除对策

根据实际生产情况，无论是普通遗传疾病还是限性遗传疾患，均可采用以下排除对策。

（一）对出现异常仔猪的种猪全窝淘汰，切忌使用只淘汰隐性纯合子或只淘汰同窝公猪的做法，因为后者对隐性遗传疾患基因的淘汰效果不理想。

（二）有条件时，可在全窝淘汰法的基础上结合对留种公猪进行测交，待证明其为显性纯合子后再留作种用，或只留显性纯合子的后代作种用。

（三）严格系谱档案的登记管理。对其父亲或母亲为已知杂合子的公猪不留作种用，少留基因型未知的公猪的后代。

（四）严格把好引种关。对引种的公猪要进行测交，并证明其确为显性纯合子后方作种用。许多种猪场引进规模增加盲目引种，若不慎引进一头或几头杂合子，则猪群中疾患基因的频率将迅速上升，以至几代的选择效果均被勾销。

（五）避免不必要的近亲交配。

（六）为了防止因染色体畸变引起的遗传疾患在猪群中的扩散，有条件时应对种公猪进行染色体的遗传检测。

第三节
种羊遗传病及防控措施

　　绵羊遗传缺陷病是由于绵羊生殖细胞或受精卵内的遗传物质在结构或功能上发生改变，从而使发育个体出现生理机能的损害，具有先天性和家族性的特征。遗传缺陷多半由缺陷基因引起，可能是致畸、半致死或致死的，也可能影响生活力或外观，在降低羊的经济价值的同时，还可能干扰对流产或其他疾病的诊断，给畜牧生产带来损失。

　　在动物孟德尔遗传数据库（Online MendelianInheritancein Animals, OMIA）中，共收录羊遗传缺陷病 213 个，符合孟德尔遗传规律的 84 个，作为潜在人类疾病模型的 80 个，但已知其遗传分子基础的仅为 30 个。这些遗传病涉及机体各个系统，其中以肌肉骨骼系统、神经系统、先天性代谢缺陷、皮肤被毛系统、血液系统、消化系统等病种较多，而在临床上生殖系统遗传病亦较常见。在三大类遗传病中，以单基因遗传病较多，其传递方式又以常染色体隐性遗传最为多见。国内对家畜遗传病的研究起步较晚，20 世纪 70 年代后期有所进展。但主要为奶牛遗传缺陷病的病例、诊断技术研究，绵羊遗传缺陷病仅有一例报道。我国为提高绵羊个体生产性能和新品种（种系）培育，自 20 世纪中后期就开始从国外大量引进绵羊品种达 33 个（如澳洲美利奴羊、德国美利奴羊、萨福克羊、特克塞尔羊、杜泊羊、无角陶赛特羊、波德代羊等）与地方羊品种进行杂交改良、品种培育，但上述外来绵羊品种都检出一种或多种遗传病，如杜泊羊携带皮肤脆裂症（Dermatosparaxis）、萨福克羊携带羔羊蜘蛛综合征（Spider lamb syndrome，SLS）和澳洲美利奴羊携带致死的短颌/心脏扩大/肾发育不全综合症（brachygnathia cardiomegaly and renal hypoplasia syndrome，BCRHS）等。以下就杜泊羊 Dermatosparaxis、萨福克羊 SLS 和澳洲美利奴羊 BCRHS 等单基因遗传缺陷病的遗传基础、临床症状和检测方法研究进展进行了综述，以期为加快我国外来绵羊品种中开展重要单基因遗传缺陷遗传流行病学调查，遗传缺陷病的遗传机制和快速基因诊断技术研究提供理论借鉴。

一、杜泊羊携带皮肤脆裂症

杜泊羊原产于南非。杜泊绵羊早期发育快，胴体瘦肉率高，肉质细嫩多汁，膻味轻，口感好，特别适于肥羔生产，被国际誉为"钻石级"绵羊肉，具有很高的经济价值。杜泊羊由于品种特性突出，自20世纪90年代起，纷纷被世界上主要羊肉生产国（地区）引进。我国从2001年开始引入，目前主要分布在山东、陕西、天津、河南、辽宁、北京、山西、云南、宁夏、新疆和甘肃等省（自治区、直辖市），与小尾寒羊、蒙古羊、湖羊、洼地绵羊、呼伦贝尔羊、豫西脂尾羊等品种进行杂交改良，可显著提高杂交后代羔羊的生长发育速度和产肉能力。但杜泊羊携带一种皮肤脆裂症，又称Ehlers-Danlos综合症（Ehlers-Danlos syndrome，EDS）VIIC型，本病的临床表现是由于结缔组织异常所致。临床症状主要表现为皮肤和血管十分脆弱或伸展过度，不破皮肤的轻微损伤，可以引起血肿或皮下出血。在人、羊、牛、狗、猫、马和兔中，同时也伴随着多种其他临床症状使临床诊断十分困难。H. Zhou等发现由于绵羊ADAMTS2基因发生SNPc. 421G>T突变，导致ADAMTS2提前终止使I型前胶原不能进行N端修饰形成有活性的胶原，这些为修饰的前胶原前体组装成不正常胶原纤维在结缔组织不能提供合适的拉伸强度，从而导致皮肤脆裂症。20世纪90年代此病最初流行于南非，先后在澳大利亚、新西兰杜泊羊中检测到携带该缺陷基因，近年来发达国家（地区）通过对种羊进行基因诊断，计入系谱资料，制定长期育种计划，对该病进行净化。

二、萨福克羊携带羔羊蜘蛛综合征

萨福克羊是世界上优良的生产肉羔的终端父本品种。我国从1978年起先后从澳大利亚、新西兰等国引进，主要分布在新疆、内蒙古、北京、宁夏、吉林、甘肃、河北、青海、山东和山西等省（自治区、直辖市），与我国小尾寒羊、湖羊、滩羊、中国美利奴、藏羊、卡拉库尔羊和多浪羊等品种进行杂交改良，可显著提高杂交后代羔羊的生长发育速度和产肉能力。但萨福克羊也携带着一种半致死常染色体隐性遗传缺陷病——SLS，常于出生或出生4~6周时发病，使羔羊骨骼畸形，其症状主要表现为骨骼

长度异常、四肢弯曲、脊椎隆起，造成不能正常独立生活而死亡。Beever
等发现由于绵羊 FGFR3 基因发生 SNPT1719>A 错义突变，造成受体酪氨酸
激酶Ⅱ功能域上氨基酸突变，受体功能失活，导致 SLS。20 世纪 70 年代此
病最初流行于美国、加拿大的萨福克羊群中，后陆续在澳大利亚、新西
兰、德国萨福克羊中检测到携带该缺陷基因，并纷纷淘汰有携带该缺陷基
因的种公羊，而此阶段我国从上述国家大量引进潜在携带该缺陷基因、无
系谱资料的萨福克羊，随着人工授精、胚胎移植技术的应用，显著提高了
携带该缺陷基因的羊群比例，严重威胁我国羊种业和羊业的安全发展。而
我国对于该遗传缺陷病的研究尚处于起步阶段，2011 年首次在新疆阿克苏
地区某萨福克种羊场发现该病例。

三、澳洲美利奴羊携带致死型短颌/心脏扩大/肾发育不全综合症

澳洲美利奴羊产于澳大利亚，具有毛被毛丛结构好、羊毛长、油汗洁
白、弯曲呈明显大中弯、光泽好、剪毛量和净毛率高等优点，是世界上著
名的细毛羊品种。分为超细型（superfine wool merino）和细毛型（fine wool
merino），中毛型（medium wool merino）及强毛型（strong wool merino），
其中又分为有角系与无角系两种。从 1972 年以来，我国数次从澳大利亚、
新西兰等国引进澳洲美利奴公羊，主要分布在新疆、内蒙古、吉林、甘
肃、黑龙江等细毛羊产区，用其与各地细毛羊杂交（或导血），对提高我
国各地细毛羊的净毛产量，改善羊毛长度、细度、匀度、油汗、光泽和拉
伸强度等羊毛质量，起到了积极作用，并收到显著效果，培育出中国美利
奴羊、新吉细毛羊和超细型细毛羊。但澳洲美利奴羊携带一种致死型
BCRHS。临床症状表现为侏儒，体重偏小不足正常的 1/2（患病羊平均
1.6kg，正常羊 3.3kg~5.1kg），短颌，胸腔仅有正常羊的 3/4，但心脏显
著膨大到原来的 1.5 倍，腹部膨胀，肝脏也显著膨大到原来的 1.5 倍并有
轻微的斑点，但肾脏严重发育不全，仅有正常的 1/2，致使羔羊不能正常
行走、呼吸和哺乳，出生后不久就会死亡，通过遗传流行病学调查、系谱
分析初步认定为隐性常染色体遗传缺陷病。国内近年来，在甘肃某羊场引
进澳洲超细美利奴进行培育超细型细毛羊新品种横交固定阶段（2009 年至
今），也发现类似临床症状的羔羊，但是否为该遗传缺陷病还需进一步开
展该病的遗传流行病学调查工作。

四、遗传疾病的诊断

传统的遗传疾病诊断方法有 3 种：临床学诊断、遗传流行病调查和生物化学诊断。这些诊断方法都是以疾病的表型病变为依据。而表型则易受外界环境的影响，这就在一定程度上影响了诊断的准确性和可靠性。以分子生物学为基础的基因诊断则是在作为生命的遗传基础物质——DNA 水平上对遗传疾病进行诊断，可揭示发病的遗传本质，不但可鉴定表现症状的有害基因纯合的个体，也可鉴定出没有异常表型的有害基因的携带者，尤其适于早期诊断。因而基因诊断与传统疾病诊断方法相比具有更准确、可靠并且诊断时间早的特点。

遗传缺陷病分为常染色体遗传缺陷病和性染色体遗传缺陷病，其中常染色体遗传缺陷病根据致病原因又分为单基因遗传缺陷病、多基因遗传缺陷病和染色体畸变遗传缺陷病 3 种，性染色体遗传缺陷较少见。基因诊断首要环节就是开展遗传缺陷病遗传机制研究即致病基因定位研究，对于未知基因、未知突变的单基因遗传病的基因定位，常用策略为通过家系连锁分析（familybased linkage studies）的定位克隆（positional cloning）方法，它需要首先开展家系调查和系谱分析，然后应用微卫星标记［也称短串联重复序列（short tandem repeat，STR）］或单核苷酸多态性（single nucleotide polymorphism，SNP）进行基因分型、连锁分析及单倍型分析，还可采用关联分析及连锁不平衡分析，以定位单基因遗传病的致病基因及多基因遗传病的易感基因，最后通过候选基因法找出致病基因及易感基因。它在过去的 20 余年中发挥了重要作用，目前已知的绵羊大部分单基因遗传病的致病基因均通过这一策略定位。但对于复杂性疾病，分析的作用非常有限，同时该方法耗时费力，如萨福克羔羊蜘蛛综合征从临床发现到将其定位到 FGFR3 基因的突变用了 23 年时间。1996 年，Risch 和 Merikangas 的研究显示，在常见复杂疾病的遗传学研究中关联研究较连锁研究有更高的效力，并提出全基因组关联分析（genome wide associaion studies，GWAS）的概念。这一概念是基于"常见疾病，常见变异"（common disease，common variant）的假设，其基本原理是：在一定人群中选择病例组和对照组，比较全基因组范围内所有 SNP 位点的等位基因或者基因型频率在病例组与对照组间的差异。如果某个 SNP 位点的等位基因或基因型在病例组中出现的频率明显高于或低于对照组，则认为该位点与疾病间存在关联性。之后根据该位点在基因组中的位置和连锁不平衡关系推测可能的疾病易感基因。比如某个 SNP 位点的等位基因 C 在糖尿病患者中的频率是 0.355，而在对照中的频率是 0.123，经过统计分析发现差异有显著性，可以说此基因位点与疾病存在关联性。全基因组关联分析是应用人类基因组中数以百万计的 SNP 为标记进行病例对照关联分析，以期发现影响复杂性疾病发生的遗传特征的一种新策略。与以往的候选基因关联分析策略明显不同的是，GWAS 不再需要在研究之前构建任何假设（hypothesis free），即不需要预先依据那些尚未充分阐明的生物学基础来假设某些特定的基因或位点与疾病相关联。2005 年，Science 杂志首次报道了年龄相关性视网膜黄斑变性 GWAS 结果，在医学界和遗传学界引起了极大的轰动，此后一系列 GWAS 陆续展开。近年来，随着基因芯片、高通量测序技术的快速发展，绵羊基因组计划和基因组单倍体图谱计划（international sheephapmap project）的实施，研究者开始应用 GWAS 对影响绵羊性状形成和单基因遗传缺陷病、多基因遗传缺陷病产生的遗传特征进行了探索。短短几年内，已经发现并鉴定了多个与绵羊经济性状或复杂性疾病关联的遗传变异，如特克塞尔羊的小眼畸形、软骨发育不全，柯立德绵羊的遗传性软骨病，美利奴羊控制角的基因，为开展我国外来绵羊品种及其杂交群体中遗传缺陷病的遗传机制提供了新的思路。对已知基因突变位点的遗传缺陷病基因诊断技术主要有：聚合酶链式反应—限制性片段长度多态性技术（PCR-RFLP）、变性梯度凝胶电泳（DGGE）、聚合酶链式反应—单链构象多态性（PCR-SSCP）、扩增片段长度多态性（AFLP）等技术。在绵羊 Dermatosparaxis、SLS、BCRHS 遗传缺陷病基因诊断技术方面，H. Zhou 等、Beever 等分别建立了皮肤脆裂症 PCR-SSCP 基因诊断技术、羔羊蜘蛛综合征 PCR-RFLP 基因诊断技术，但上述方法操作复杂、价格较高（10 元/羊）、检测周期长（1 周），且需要大型的仪器设备（如需要凝胶成像分析系统、基因扩增仪、高速离心机、稳压稳流电泳仪，单道可调移液器、电子天平、紫外分光光度计、水平及垂直电泳槽、高压灭菌锅等）和熟练的实验技能（聚丙烯酰胺凝胶的制备、电泳技术要求高，重复性较差），因此并不适合于畜牧生产中应用，难以广泛的推广，因而亟须建立更为经济、快速而准确的基因诊断技术。

高分辨率熔解曲线分析技术（HRM）是近几年兴起的 SNP 及突变研究工具。它通过实时监测升温过程中双链 DNA 荧光染料与 PCR 扩增产物的结合情况，来判断是否存在 SNP，而且不同 SNP 位点、是否是杂合子等都会影响熔解曲线的峰形，因此 HRM 分析能够有效区分不同 SNP 位点与不同基因型。这种检测方法不受突变碱基位点与类型的局限，无须序列特异性探针，在 PCR 结束后直接运行高分辨率熔解，即可完成对样品基因型的分析。该方法无须设计探针，操作简便、快速，成本低，结果准确，并且实现了真正的闭管操作。该方法是在封闭的试管内进行，可降低污染；同时只需要一种试剂在一个平台上进行基因分型和突变扫描，HRM 已经在人类（双倍体）和微生物（单倍体）的基因分型中得到应用。人类疾病基因包括 β 球蛋白、囊肿性纤维化、V 因子、凝血素、血色沉着病蛋白、血小板抗原、乳糖分解酵素和 MGMT 启动子区域的甲基化。微生物基因有：hsp65、16srRNA 基因、gyrA 等。目前我们已建立 FecB 和 FeXG 高分辨率熔解曲线分析法，实现了 FecB 和 FeXG 同时检测，该方法操作简单，仅需 DNA 提取、PCR 扩增、高分辨率熔解曲线检测三步，省去了上述 PCR 产物限制性片段长度多态性分析、PCR 产物单链构象多态性分析中 PCR 扩增后的酶切、制胶、电泳、染色等步骤，检测价格低（3.5 元/羊）、检测周期短（600 个样/小时），仪器设备少（如荧光定量基因扩增仪、高速离心机、单道可调移液器、电子天平、紫外分光光度计、高压灭菌锅等）和对实验技能要求不高。FecB 和 FeXG 高分辨率熔解曲线分析法目前已广泛应用于甘肃高山细毛羊、小尾寒羊、湖羊、滩羊及其杂交羊品种中多胎基因的检测，表明该技术更适用于基层育种单位对多胎性状的早期检测和选育。因此，该技术具有操作简单、成本低廉、时间短、误差少、高通量检测等优点，可弥补 PCR 产物限制性片段长度多态性分析、PCR 产物单链构象多态性分析检测技术的不足，非常适用于绵羊遗传缺陷病的基因诊断。

总之，近年来发达国家（地区）通过对种羊进行遗传缺陷病基因诊断，计入系谱资料，制定长期育种计划，对遗传缺陷病进行净化，但我国畜牧兽医从业人员对此亦知之甚少，往往被漏诊或误诊，使之得以长期存在和扩散，将对羊业生产造成重大危害。因此，亟须开展遗传缺陷病的遗传机制研究，建立其快速基因诊断技术，为该病的净化奠定基础；亟须在全国开展外来绵羊品种重要遗传缺陷病遗传流行病学调查，应用 GWAS 初步阐明 BCRHS 遗传机制，开发基于 HRM 技术萨福克羊、杜泊羊、澳洲美利奴羊携带的 Dermatosparaxis、SLS、BCRHS 快速基因诊断试剂盒，建立遗传缺陷病净化技术体系。从而不仅为萨福克羊、杜泊羊、澳洲美利奴羊在中国羊业中的发展扫清障碍，而且可以作为人类相关疾病的理想模型，为人类遗传缺陷疾病遗传机制研究和基因治疗提供基础。

第四章
进口家畜精液胚胎检疫
CHAPTER 4

第一节
市场准入

一、风险分析

进口家畜精液和胚胎可给进口国（地区）带来一定程度的疫病风险。中国对进口动物精液和胚胎实行风险分析管理。进口风险分析的主要目的是为进口国（地区）进口动物、动物源性产品、动物遗传材料、饲料、生物制品和病料所带来的疫病风险提供可起到保护作用的客观评估。风险分析包括危害鉴定、风险评估、风险管理和风险沟通（见图 4-1）。

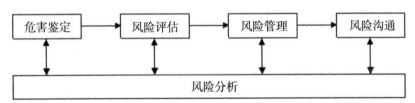

图 4-1　风险分析

（一）危害鉴定

危害鉴定指对进口商品中可能具有潜在危害的致病因子进行确认的过程，可能会是一种或多种疫病或感染。所确认的潜在危害因子指与进口动物或动物产品有关且在出口国（地区）可能存在的致病因子，因此有必要确认该潜在危害因子在进口国（地区）是否存在，是否为进口国（地区）法定通报的动物疫病，是否属于已控制或已根除的疫病，并确保进口措施没有比国内贸易措施更严格。危害鉴定是一个分类过程，确定生物因子是否具有潜在危害性。如果危害鉴定没能确认相关进口是否具有潜在危害，那么风险评估即可就此终止。对出口国（地区）兽医体系、疫病监测与控制计划、区域区划和生物安全隔离区划体系的评估是评估出口国（地区）动物种群中危害因子存在与否的关键信息。进口国（地区）可根据 WOAH

《陆生动物卫生法典》相关卫生标准直接决定准许进口，而不进行风险评估。

（二）风险评估

风险评估指对危害因素相关风险进行评估，风险评估是风险分析的一个组成部分。风险评估可分为定性和定量两种方法。对于很多疫病特别是WOAH《陆生动物卫生法典》所列疫病而言，因为国际标准已趋于完善，且对其风险也已广泛达成共识，所以只需进行定性评估即可。因定性评估不要求使用数学模型，所以常规决策中常使用这种评估方式。但一种评估方法不可能适用于所有进口风险，因此，不同情况应使用不同的方法。在进口风险分析过程中，通常需要考虑出口国（地区）的现有兽医体系、区域区划、生物安全隔离区划、疫病监测体系的评估结果，以便监视出口国（地区）的动物卫生状况。

1. 风险评估原则

风险评估应灵活处理现实中的各种复杂情况。没有任何一种方法能够适用于所有情况，风险评估应从多方面入手，如动物产品的多样性、一个进口商品可含有多种危害因子、每种疫病的特性、疫病检测和监测体系、暴露情况以及数据与信息的类型和数量等。定性和定量的风险评估方法均有效。风险评估应以最新科技信息为基础，应保证证据充分，并附有引用的科技文献和其他资料，包括专家意见。风险评估方法需要保持一致和透明，以确保评估结果的公平和合理性，以及决策的一致性，且便于各利益相关方的理解。风险评估应阐明其不确定性、假设及其对最终结果的影响。风险随进口商品量的增加而加大。应能在获得新信息时对风险评估进行更新。

2. 风险评估步骤

（1）入境评估

入境评估指描述进口活动将病原体传入某一特定环境的生物学途径，并对整个过程的发生概率加以定性（用文字）或定量（用数值）推定。入境评估需要阐明每种潜在危害（病原体）在数量、时间等每种特定条件下的发生概率，以及因行动、事件或措施等所引起的变化。入境评估所需信息示例如下：

①生物学因素

—动物种类、年龄和品种；

—病原易感部位；

—接种疫苗、检验、治疗和隔离检疫状况。

②国家因素

—发病率或流行率；

—出口方兽医机构、疫病监测和控制计划、区域区划、生物安全隔离区划体系的评估。

③商品因素

—进口商品数量；

—易感程度；

—加工影响；

—贮存和运输影响。

如果入境评估表明没有明显的风险，则可终止风险评估。

（2）暴露评估

暴露评估指描述进口国（地区）的动物和人群暴露于某危害因子（此处指病原体）的生物学途径，并对此种暴露发生概率加以定性（用文字）或定量（用数值）推定。推定危害因子的暴露概率需结合特定暴露条件如数量、时间、频率、持续时间和途径（如食入、吸入或虫咬），以及暴露动物和人群的数量、种类及其他相关特征等进行。暴露评估所需信息示例如下：

①生物学因素

—病原特性。

②国家因素

—是否存在潜在媒介；

—人群和动物的统计学资料；

—风俗和文化习俗；

—地理和环境特征。

③商品因素

—进口商品数量；

—进口动物或动物产品的预期用途；

—处置措施。

如果暴露评估表明没有明显的暴露风险，即可在这一步终止风险评估。

（3）后果评估

后果评估指阐明暴露于某一生物病原因子与暴露后果的关系。应成立因果关系，表明因暴露而导致不良卫生或环境后果，进而引起社会经济不良后果。后果评估需阐明给定暴露的潜在后果及其发生概率。评估可为定性（用文字）或定量（用数值）。后果种类示例如下：

①直接后果

—动物感染、发病及生产损失；

—公共卫生后果。

②间接后果

—监测、控制成本；

—损失赔偿成本；

—潜在贸易损失；

—对环境的不良后果。

（4）风险估算

风险估算指综合入境评估、暴露评估和后果评估的结果，测算危害因子的总体风险量。因此，风险估算需考虑从危害确认到产生不良后果的全部风险路径。

定量评估的最终结果包括：

①估算一定时期内健康状况可能受到不同程度影响的畜群、禽群、其他动物或人群的数量；

②概率分布、置信区间及其他产生评估不确定性的因素；

③计算所有模型输入值的方差；

④敏感性分析，根据多种因素对风险估算偏差的影响程度予以排列；

⑤模型输入值之间的依赖性及相关性分析。

（三）风险管理

风险管理是 WOAH 成员为达到适当保护水平而确定并执行相关措施的过程，同时应确保对贸易的负面影响降至最低。其目标是合理管理风险，在尽量减少疫病入侵可能性、频率及其不良影响与进口商品、履行国际贸易协定义务两者之间达到平衡。

WOAH 的国际标准应为风险管理的首选卫生措施，实行卫生措施应与相应标准的目标一致。

风险管理由以下 4 个部分组成：

1. 风险评价：指将风险评估中经评定确认的风险水平与 WOAH 成员相应的保护水平相比较的过程。

2. 备选方案评价：指为减少进口引起的风险，根据 WOAH 成员的保护水平确定采取的措施并评估其有效性及可行性的过程。有效性指备选方案在何种程度上可降低发生不良卫生和经济后果或其严重程度。备选方案有效性评价是一个迭代过程，需与风险评估相结合，然后与可接受的风险水平进行比较。可行性评价通常专注于影响风险管理方案实施的技术、操作及经济因素。

3. 实施：指完成风险管理决策，确保风险管理措施到位的过程。

4. 监测及评审：指不断评估风险管理措施以确保取得预期效果的持续过程。

（四）风险沟通

风险沟通指在风险分析期间，从潜在受影响方或利益相关方收集危害和风险相关信息和意见，并向进出口国（地区）决策者或利益相关方通报风险评估结果或风险管理措施的过程。这是一个多维、迭代过程，理想的风险沟通应贯穿风险分析的全过程。风险沟通应遵循以下原则：

1. 风险沟通策略应在每次开始风险分析时制定就绪。

2. 风险沟通应公开、互动、反复和透明，并可在决定进口之后继续进行。

3. 风险沟通参与方包括出口国（地区）当局及其他利益相关者，如国内外产业集团、家畜生产者及消费者等。

4. 风险沟通内容应包括风险评估中的模型假设及不确定性、模型输入值和风险估算。

5. 同行评议也是风险沟通的组成部分，旨在得到科学的评判，确保获得最可靠的资料、信息、方法和假设。

二、议定书

根据风险分析结果，输入动物或动物精液和胚胎前，海关总署与拟向中国输出动物精液胚胎的国家或地区政府有关主管机构签订双边检疫协定（包括协定、协议、议定书、备忘录等）。未签署检疫议定书的，原则上不得引进动物精液和胚胎。与我国签订了单项动物精液或胚胎检疫和卫生要求议定书的国家或地区，可以向我国输出有关动物精液或胚胎，并按照议定书的要求对输出的精液或胚胎实施检疫。如果输出国家或地区发生动物疫病时，我国可发布公告暂停该国家或地区的反刍动物精液和胚胎进境。

第二节
家畜精液胚胎采集中心注册管理

我国对输出动物精液胚胎的国外生产单位实行检疫注册登记，并对注册的国外生产单位定期或者不定期派出检疫人员进行考核。

一、基础设施

家畜精液采集中心的基础设施按动物种类分开，应具备相互隔离和独立的区域，包括：进入采精前隔离室和病畜隔离设施、供精动物饲养区、采精室、精液检验室和精液贮存区、行政办公室等。场址选择应根据具体情况，选择在无传染病，地势平坦、避风向阳、排水良好的地方。

（一）供精动物饲养场

每只羊占有面积 $2.5m^2 \sim 3.0m^2$，地势干燥、光线充足，有结实而简单的门栏，有补饲用的草架和饲槽。存栏种公羊年龄应在 1.5 岁 ~ 6.0 岁之间，种畜证明、系谱文件清楚，档案齐全，有明显的品种特征，且精液品质优良。

（二）采精室

采精室总面积约 $10m^2$，采精区（除安全区外）面积为 $2.5m \times 2.5m$。

采精场必须在室内，尽可能不受气温、日光、风、灰尘、雨雪影响，也能防止公猪逃跑。应为混凝土地面，地面应既有利于冲刷，又能防滑。墙壁与屋顶应洁净，不落灰、不掉墙皮。采精室应保持整洁，采精区内不能放置除假母猪、防滑垫以外的其他物品。

假母猪应牢固地固定在地面上，一般为木制台面，用角钢或钢管作支架。台面宽 26cm，长 100cm，高度一般为 50cm～55cm。最好高度可以调整。假母猪台面呈圆弧形，相当于圆的 1/4 左右。在假母猪后部公猪阴茎伸出的地方，应将其下部木头削薄，以便于公猪阴茎伸出和防止阴茎损伤。假母猪后端至后支架应有 30cm 的距离，以方便公猪阴茎伸出和采精操作。

在假母猪后方地面应放一块 100cm×60cm 的防滑垫，以使在公猪采精时站立更舒适、防止滑倒。在假母猪的左侧设置防护栏，一般可用 10cm～15cm 直径、高出地面 70cm 的钢管作防护栏。这样可形成一个公猪不能进入，但人可以进出的安全区。一旦公猪进攻采精员，采精员能及时躲避到安全区。

（三）精液处理室

为便于猪场在人工授精中准备采精器皿，检测精液、准备精液稀释液及稀释精液，贮存精液，消毒和清洗人工授精器械等，应建立猪场内部的"人工授精实验室"。实际建设中，实验室应尽可能位于采精室附近，可能的话，应直接同采精室相连以便于快速地处理精液，用 1 个密封性能好、可开启的窗口来连接人工授精实验室和采精室有助于增强防疫。人工授精实验室与采精室之间可安装推拉窗户或者能保温的传递箱，以起到生物防护作用，这样可以避免因操作人员递送精液时鞋和工作服上的粪便等污染实验室。人工授精实验室的建设应充分考虑卫生和防疫的要求，无粉尘和细菌等污染，房间的地面要易于清洗，具有可擦洗的墙壁、柜橱、墙柜和可清洗的工作台，设有清洗池和晾干架等，排污方便，水电齐备，室温可调，有冷热水源，电源至少应有 6 个插座孔。实验室的布置要视具体的操作规程和大小而定，以保证高水平的卫生条件和工作效率为准。实验室的大小根据实际情况可以稍大些。其根据操作分为 3 部分，即湿区（准备稀释液、清洗设备、稀释精液）、干区（检查精液）、分装区（分装精液，保存精液等）。在实际建设中，在选择好场地后，应根据场地情况和生产的要求进行设置与优化。

二、技术人员资质

精液采集中心应设置专职兽医负责监管。人员必须熟练地掌握如何清洁、消毒人工授精技术设备、器械，如何调教公猪和采集、处理、储存精液，能精确地对母猪进行发情鉴定、适时配种等。采精人员应具有技术资质，严格遵守个人卫生标准，以杜绝带入病原微生物。采精设施内应配备专用防护服和靴子，操作人员在设施内应始终使用这类防护衣靴。应有人工授精员 2~3 人，每年培训一次，持证上岗。按照人工授精规程进行技术操作，负责种公羊合理饲养与利用、药械保管使用和配种记录填写。每站应有饲养员 1~2 人，按规定饲养管理种公羊和试情公羊，协助采精。建立工作岗位、种公羊饲养管理、疫病防控和精液生产制度。

三、生物安全规范

精液采集中心应通过兽医主管部门的官方认可。精液采集中心应在兽医机构的监控之下，兽医机构应定期审查其动物卫生和福利以及精液生产、贮存和分发的相关规程、方案和记录，审查间隔时间不得超过 12 个月。检验室人员应具有技术资质，并严格遵守个人卫生标准，以防止在精液评定、处理和贮存过程中输入病原微生物。运输采精动物的车辆不得进入采精设施内。采精区应每天在采精后进行清扫，动物存养区和采精区应保持洁净。进饲料和清除粪便的过程都不应引起重大的动物卫生风险。

采精设施内应尽量减少来访者，且参观需经过核准并接受监督。应配备采精设施专用的动物用器械，或要求在将这些器械移入采精设施前进行消毒。所有带入采精设施内的器械必须经过检查，必要时进行处理，以确保不会带入疫病。精液采集中心人员应具有技术资质，并严格遵守个人卫生标准。应提供仅在精液采集中心使用的防护服和靴子。精液检验室与采精设施之间应隔离，包括假阴道器皿清洁和准备、精液鉴定和处理、精液预存和贮存独立操作区域。未经批准的人员禁止入内。禁止在室内吸烟，不应放置有气味的药品及其他物品，避免伤害精子。采精室和输精室面积 $8m^2 \sim 12m^2$，地面平整，室温保持在 25℃ 左右，安装紫外线灯。应对每个精液收集器和贮存间进行消毒。修建检验室的材料应可以进行有效清洗和消毒。应定期清洁检验室。每天工作结束后，应清洗和消毒精液鉴定和处理工作台。对检验室应定期进行防啮齿类动物和防虫处理，控制有害物。贮存室和单个精液容器应易于清洗和消毒。只有当供精动物的卫生状况相当于或优于采精设施内其他供精动物时才能将精液带入检验室处理。

应通过自然或人工方式将供精动物和试情动物与附近场地或楼群里的动物有效隔离。仅与精液生产相关的动物方可进入中心，其他种属动物如能与这些动物保持物理隔离，则可例外存养在精液采集中心。仅与精液生产相关的动物可进入采精设施。出于供精动物和试情动物移动的需要或安全起见，采精设施内可存养其他动物，但需尽量减少它们与供精动物和试情动物的接触。所有存养的动物都应符合供精动物的最低卫生要求。应将采精设施内的供精动物和试情动物与其他动物充分隔离以预防传染疫病，并应采取有效措施防止通过精液传播反刍动物病及猪病的野生动物进入。关于公牛、公羊、公鹿、野猪的管理，应保持满意的动物洁净状态，尤其是胸腔下部和腹部。无论是放养还是圈养，都应保持良好的动物卫生状态。圈养垫料应保持洁净，并尽量勤换。应保持动物被毛清洁。对于公牛应将经常被污染的包皮口处被毛簇剪短到2cm左右。因这些部位的被毛具有保护作用，不应全部去除。被毛有利于尿液引流，如果剪得过短，可能会引起包皮黏膜处刺激。应定期刷洗种动物，尤其是注意腹下侧的清洁。如有必要，在精液采集前一天刷洗。如出现明显污染，可用肥皂或去污剂仔细清洗包皮口和周边部位，然后彻底冲洗和干燥。将动物带进采精区时，技术员应确保动物清洁，其身上或蹄部不粘带过多的垫料或饲料颗粒。

四、采胚队的管理

为了避免家畜体内受精胚胎通过移植将病原传播给易感动物或后代，在采集和处理过程中，应严格遵循生物安全规范。对国际贸易的家畜胚胎进行官方卫生监管，旨在有效控制相关的病原微生物感染和传播。

采胚队负责胚胎采集、加工处理和贮存等工作。采胚队应事先报请出口国家（地区）主管部门批准认可，并定期接受官方兽医检查，至少每年一次，确保胚胎采集、加工和贮存符合相关规程。采胚队应将其各项活动记录在案，该记录在胚胎出口后至少保存两年，供兽医主管部门检查。

采胚队应配备足够的胚胎采集、胚胎贮存所需的设施设备，具备固定场所或流动实验室进行胚胎加工处理。采胚队应该由具有资质的技术人员组成，其中至少应有一名兽医师。采胚队兽医师负责采胚队的各项操作，包括供体动物的卫生状况判定、卫生处理、外科手术、消毒和卫生程序。采胚队应接受兽医师的动物卫生监督指导，接受关于疫病控制原则和技术的充分培训，应按标准严格执行卫生措施以防止感染发生。

（一）胚胎处理实验室（包括移动式和固定式）

胚胎处理可使用流动式或固定式处理实验室。固定实验室可以是专门用于胚胎采集和加工的专业实验室，也可以是现成的建筑经适当改造而成。流动实验室在胚胎生产期间可以设置在供体动物养殖场所工作。无论何种实验室形式，都要求胚胎实验室在整个处理过程中始终不得接触活体动物。流动式或固定式实验室内的洁净加工区和污染区（动物处理区）间还应该设置有效的物理隔离。实验室的建筑材料应便于有效清洁和消毒。应经常对实验室进行清洁和消毒，并在每次处理出口胚胎加工的前后按照程序进行清洁和消毒。另外，实验室还应该具备有效的防啮齿动物和防虫措施。

实验室必须由采胚队兽医师负责动物卫生和生物安全监督，并接受出口国（地区）官方兽医的定期检查。实验室的主要工作包括：采集培养液回收胚胎；对胚胎进行检查和必要处理，如洗涤和冷冻、贮存前的检查及准备工作等。在进行出口胚胎加工处理并完成安瓿、小瓶或吸管保存分装前，不应在该实验室同时处理卫生等级状况较差的胚胎。

（二）供体动物

胚胎供体母畜来自传染病非疫区，并由出口国（地区）兽医主管部门负责检疫监管。采集胚胎时，由采胚队兽医师或授权的兽医师负责对供体母畜进行临床检查，证实无疫病临床症状。当为胚胎供体母畜提供人工授精精液的公畜发生死亡，或在精液采集时供精公畜传染病感染情况不明时，在胚胎采集后，可要求对供胚母畜进行补充试验检测，以证实没有感染这些传染病。另一种替代方案是检测同一天采集的留样精液。在自然交配或使用新鲜精液的情况下，供体公畜的卫生状况不能低于母畜。

五、国际胚胎移植协会（IETS）生物安全规程

根据 IETS 手册规定，使用国际通行的胚胎加工规程降低风险。收集和移植胚胎的卫生操作都必须避免病原从供体传染到受体。必须具备无菌技术、灭菌设备及实验室器具。除此之外，还应确保培养基及溶液不受污染。在培养基和溶液中应添加广谱抗生素以防止病原菌或可能污染的微生物的生长。

众所周知，体内获取的胚胎透明带能有效地防止微生物。按以下所述的指南来清洗从体内获取的具完整透明带的胚胎是可以完全去除很多已知的病原，当然也应当做更多的其他处理，以确保其他病原未被传染。例如，下文中胰酶的处理可能在某些场所相当必要。用于胚胎的收集、培养和清洗的液体，未育或脱化的卵子，以及未移植的胚胎都被某些官方权威建议作为评估胚胎的健康状况的因素，因此以下包含了胚胎收集、贮存及这些样品的处置建议。

（一）缓冲液

所有培养基及添加剂，包括血清、酶和冷冻保护剂都必须是无病原及污染微生物。当购买的培养基和添加剂是"即用"无菌时，通常应当来自可信任的供货商。若需要在实验室灭菌，则应按 IETS 手册其他章节所述的规程进行。由于用于收集、培养和清洗胚胎的缓冲液中的血清可能具有某些风险，因此兽医应谨慎地选择血清。血清应特别受进口国（地区）的核准。

（二）胚胎清洗规程

胚胎清洗的基本必要条件见表 4-1。因为只有在透明带完整且无其他附着物时才能有效地清洗胚胎，因此必须完整地检查胚胎的表面，有任何黏液或其他残骸物时都必须在清洗前清理掉。要用最小 50 倍放大倍数的光学显微镜来检查胚胎，以确保透明带无任何损伤及附着物。当发现透明带不完整或黏附物不能去除时这些胚胎应丢弃。当在清洗后发现透明带不完整时，应将其移除，并将其余的胚胎重新按规程清洗。各种设备及器具都能有效地处理并清洗胚胎。由于在两次清洗间必须使用不同的微吸管，因此必须要有移液管设备及技术确保任何一部分不与清洗缓冲液接触。

表4-1 胚胎清洗的基本必要条件

①只能是来自同一供体的胚胎一起清洗（在清洗前确认）

②一次清洗最多只能十枚（清洗前计数）

③只有当透明带完整时的胚胎才能清洗（在清洗前及清洗后确认）＊

④只有当胚胎无任何附着物时才能清洗（清洗前必须清理干净）＊

⑤至少清洗十次（用足够的时间来对每一次清洗进行完整轻柔的混匀）

⑥每次将胚胎从这一缓冲液转移到另一缓冲液时必须使用新的无菌微吸管

⑦确保每次的清洗液的量都应在原液的100倍以上

＊为了确保透明带的完整及附着物的去除，必须将胚胎放于最小放大倍数为50的光学显微镜下观察。

（三）胚胎的胰酶处理

用胰酶处理体内获取完整透明带的胚胎可有效地去除或灭活某些病毒（如 bovine rhinotracheiti virus），这些病毒似乎可以在胚胎体外暴露状态下黏附或其他方式吸附在透明带上。当需要进行胰酶处理时，则必须修改标准清洗规程（上述所说），因为胰酶处理代表的是清洗和胰酶作用两者的结合。表4-1中列出的清洗胚胎的所有基本条件都适用于胰酶处理。

以下胰酶处理的操作程序是基于原先用于研究实验用的原材料及方法。在这些实验中，胚胎在磷酸盐缓冲液（不含或含 $Ca2+$、$Mg2+$）中清洗5遍，包括含有广谱抗生素及 0.4% 牛血清白蛋白，然后在胰酶中作用 60s~90s 两次。在无 $Ca2+$ 及 $Mg2+$ 的 Hank 氏平衡液中无菌胰酶的浓度为 0.25%（1：250 胰酶活性是 1g 胰酶能在 25℃，pH 值 7.6 作用 10min 将水解掉 250g 酪蛋白）。经过胰酶处理后，再将胚胎转移至含抗生素及 2% 血清的磷酸盐缓冲液中清洗5遍。用含血清的缓冲液清洗胰酶作用后的胚胎是为了提供移除残留的酶活性的基质（受体）。然而用 0.4% 牛血清白蛋白清洗胰酶作用后的胚胎也是为了同样的目的，因此也可以代替血清。同样，并未见很有见地的报道称使用含 $Ca2+$ 和 $Mg2+$ 的无磷酸盐缓冲液比使用未含 $Ca2+$ 及 $Mg2+$ 的要好。胰酶溶液的使用通常是为了使细胞间松散，如使单层培养细胞与细胞间或细胞与基质间的黏附减弱。然而不太可能会认为这些离子的缺乏有增加胰酶对病毒从胚胎上移除或灭活的作用。

按标签的说明（如冷冻）贮存胰酶是相当重要的。含胰酶的溶液应在使用前现配现用。贮存含胰酶的溶液解冻后会导致酶的失活。因此，需要有标准的操作规程解冻并将胰酶混入溶液中，进行有效的胚胎清洗。用胰酶处理牛胚胎 5min 都不会减弱胚胎的活性。

（四）样品处置

直接检测未移植入受体前胚胎是否存在感染源的 Nonembryocidal 方法目前还不可用。证实胚胎健康的方法包括对供体动物具体检测的信任，胚胎的清洗或胰酶处理，以及有关胚胎收集程序的样品检测。建议作为胚胎健康检测用的样品包括：收集液（子宫冲洗液）；胚胎冲洗液；未受精卵和从同一次收集中的未转移胚胎。对子宫收集液检测的必要性是它能为病原提供某些参考，因为这些胚胎可能已经暴露在供体母畜的生殖道中。子宫冲洗液中发现有病原可以通过恰当的冲洗进行去除。

检测未受精卵及脱化卵母细胞是为了提供检测同一次收集胚胎过程中，胚胎是否暴露于病原的一种方法。同时也可作为评判清洗程序是否有效的指示。该检测的有效性是建立在如下假设中：病原从未受精卵及脱化卵母细胞上分离应当与从移植胚胎上分离一样容易。例如，不管处于任一发育阶段或生理阶段时的胚胎和脱化卵母细胞都似乎黏附着感染性牛轮状病毒于透明带上。

不管上述样品采用血清学方法还是其他方法来检测供体公畜和母畜，都是作为官方调控手段的依据。然而，检测子宫冲洗液、清洗液，或胚胎/卵子更重要的价值可能是为了了解供体对某一疾病的血清阳性状况。假如能出示供体公畜和母畜未患病，则不需要进行这些检测。上述样品收集后应按以下描述进行准备及处置。假如在当天进行检测则所有样品应保存于 4℃；假如不能在当天进行检测，则应将样品做好标记贮存于-70℃以下直至检测完毕。正确地标记样品是相当重要的。

（五）液体的收集

假如大量的贮存器可用于胚胎的收集，则收集液应当存放灭菌容器（如量筒）中静放至少 30min。当移走胚胎/卵子后，包括任何能残留的残骸瓶底 100mL 的样品存放于灭菌容器中并保存下来。保存检测所需体积应由官方据检测样本需要来确定，其实这个数量是相当容易保存得到的。

1. 过滤回收胚胎。从胚胎收集滤膜过滤完后，收集液应当存放于灭菌容器中（如量筒）中，并静放 30min 以上。过滤清洗后的胚胎应检验并转移，清洗滤器的洗液、收集液及残骸应存于无菌容器中并贮存好。每个样品的确切体积应由官方据检测样本需要量来确定。

2. 清洗。用于最后 4 次清洗胚胎的缓冲液应当贮存并保留下来（注意：10 次清洗最少量应按适当的清洗需要而定）。

（六）胚胎、未受精卵及脱化卵母细胞

所有未受精卵及脱化卵母细胞都应按照本章所述标准规程来进行清洗及保存。这些胚胎和卵母细胞都应当在检测前用超声波使细胞降解。

第三节
进境检疫

◇

一、进境检疫许可证的申请

海关总署统一管理全国进口动物精液胚胎的检疫和监督管理工作。主管海关负责辖区内的进口动物精液胚胎的检疫和监督管理。输入动物精液胚胎的，必须事先办理检疫审批手续，取得"中华人民共和国进境动植物检疫许可证"（以下简称"检疫许可证"），并在贸易合同或者有关协议中订明我国的检疫要求。直属海关应当在海关总署规定的时间内完成初审。初审合格的，报海关总署审核，海关总署应当在规定的时间内完成审核。审核合格的，签发"检疫许可证"；审核不合格的，签发"中华人民共和国进境动植物检疫许可证申请未获批准通知单"。

输入动物、动物精液和胚胎应在签订贸易合同或赠送协议之前，货主或其代理人必须填写"中华人民共和国进境动植物检疫许可证申请表"，向海关总署申办"检疫许可证"。申请办理动物精液胚胎检疫审批的，应当向所在地直属海关提交下列资料：

1. "中华人民共和国进境动植物检疫许可证申请表"；

2. 代理进口的，提供与货主签订的代理进口合同或者协议复印件。

二、原产地检疫

输入动物精液胚胎前，海关总署根据检疫工作的需要，可以派检疫人员赴输出国家或地区进行动物精液胚胎产地预检。为了确保引进的动物精液和胚胎健康无病，海关总署视进境的品种（如猪、马、牛、羊等）、数量和输出国或地区的情况，依照我国与输出国或地区签署的输入动物的检疫和卫生条件议定书规定，派兽医赴输出国或地区配合输出国或地区官方检疫机构执行检疫任务。其工作内容及程序主要包括同输出国或地区官方兽医制订检疫工作方案、农场检疫、隔离检疫、实验室检疫和运输等。

国际胚胎贸易的卫生要求和检疫重点应包括如下内容：

（一）卫生要求

1. 胚胎的采集、处理等操作必须严格按照国际胚胎移植协会（IETS）推荐的程序进行。

2. 用于胚胎冲洗、保存的血清、营养液等必须经过灭菌处理。

3. 出口的胚胎必须保持透明带完整。

（二）检疫要求

1. 供体动物。用于授精的精液需进行病原体分离（病毒分离和细菌等的培养，下同），结果应为阴性；供卵母畜在采胚前、后均需采血和采集生殖道分泌物作病原体分离，结果应为阴性。

2. 胚胎的外环境。冲胚收集液、胚胎清洗液需进行病原分离，结果应为阴性。

3. 胚胎。与出口胚胎同时采集到的退化胚胎和因其他原因不能移植的胚胎需进行病原体分离，结果也应为阴性。

我国从国外引进的牛、羊、猪或其他动物的精液、胚胎，将依照《中华人民共和国进出境动植物检疫法》、《中华人民共和国进出境动植物检疫法实施条例》及其他相关规定进行检疫。对每批进口的精液、胚胎将按照我国与输出国或地区所签订的双边精液、胚胎检疫议定书的要求执行。

为了确保引进的动物精液或胚胎符合卫生条件，海关总署依照我国与输出国或地区签署的输入动物精液或胚胎的检疫和卫生条件议定书，派兽医到输出国或地区的养殖场、人工授精中心及有关实验室配合输出国或地区官方兽医机构执行检疫任务。其工作内容及程序主要包括：会同输出国或地区官方兽医商定检疫工作计划，了解整个输出国或地区动物疫情，特别是本次拟出口动物精液或胚胎所在区域的疫情；确认输出动物精液或胚胎的人工授精中心符合议定书要求，特别是在议定书要求该授精中心在指定的时间和范围内无议定书中所规定的疫病或临床症状等，查阅有关的疫病监测记录档案，询问地方兽医有关动物疫情、疫病诊治情况；对中心内所有动物进行临床检查，保证供精动物是临床健康的；到官方认可的实验室参与对供精动物疫病的检验等工作。

（三）对输出国或地区的要求

输出国或地区应无下列疾病：口蹄疫、牛瘟、牛传染性胸膜肺炎、牛海绵状脑病、非洲猪瘟、猪水泡病、猪瘟、痒病等 A 类传染病。

（四）动物精液、胚胎生产场所的要求

人工授精中心或胚胎移植中心应经国家兽医行政管理部门批准，并接受兽医当局的定期检查。人工授精中心或胚胎移植中心应包括精液、胚胎生产所必备的场所和设备，如供体隔离场所、精液采集场所、实验室、储存设备等。控制无关人员、车辆进入人工授精中心或胚胎移植中心。精液、胚胎的生产过程应在国家官方兽医或国家兽医管理部门认可的兽医监督下进行，所有技术人员应经过有关动物疫病控制原则和防制技术的培训。

所有用于生产精液、胚胎的动物，包括精液的供体、试情动物和胚胎供体，应来自非疫区，并在进入人工授精中心或胚胎移植中心前在兽医管理部门认可的隔离场进行隔离检疫，包括临床检查（特别是生殖系统）和实验室检疫。精液、胚胎正式生产前，供体动物应在人工授精中心或胚胎移植中心内的隔离场所进行进一步的检疫，合格后可用于生产。必要时，生产过程中或生产结束后应对供体动物进行复检。

生产过程中应防止污染。所有用于精液、胚胎生产的设备、用具、容器在使用前后应清洗、消毒，精液的稀释液或胚胎的冲洗液应无菌或经灭菌处理，或经过滤。

(五) 精液的要求

精液样品应采自符合双边动物检疫协定或中国有关兽医卫生要求的合格供体公畜（动物）。供体公畜（动物）应全身清洁，身体及蹄不带任何粪便或食物残渣；供体公畜（动物）包皮周围的毛不宜过长（一般剪至2cm 为宜），采精前用灭菌生理盐水将包皮、包皮周围及阴囊冲洗干净。

采精场所及试情畜（台畜）应清洁卫生，每次采精前应仔细清洗；采精操作人员应戴灭菌手套，以防供体公畜（动物）阴茎意外滑出时，操作人员的手与阴茎直接接触；每次采精前，对人工阴道精液收集管等器具应彻底清洗消毒，人工阴道使用的润滑剂及涂抹润滑剂的器具亦应消毒灭菌。

精液稀释液应新鲜无菌，一般不超过72h 贮存在5℃的条件下。用牛奶、蛋黄配制精液稀释液时，稀释液的这些成分必须无病原体或经过消毒（牛奶在92℃ 3min~5min 处理，鸡蛋须来自 SPF 鸡群）。稀释液中可加入青霉素、链霉素和多粘菌素。精液采集时应有助手配合，当公畜（动物）爬跨试情畜（动物）或台畜时，采精操作人员用左手拉住公畜包皮，同时用右手将已消毒灭菌的人工阴道套到阴茎上。当公畜射精结束后，取下精液收集管，送实验室稀释分装成 50μl/支（粒）或 25μl/支（粒）。分装好的精液须放在液氮中保存和运送。

三、进口检疫规程

(一) 报检

输入动物精液和胚胎，货主或其代理人应提前到所在地的检验检疫机关报检。货主或其代理人在动物精液胚胎进境前，凭贸易合同或者协议、发票等有效单证向进境口岸海关报检。动物精液胚胎进境时，向进境口岸海关提交输出国家或者地区官方检疫机构出具的检疫证书正本。进口动物精液胚胎无输出国家或者地区官方检疫机构出具的有效检疫证书，或者未办理检疫审批手续的，进境口岸海关根据具体情况，作退回或者销毁处理。

(二) 入境查验

输入的动物精液胚胎，应当按照"检疫许可证"指定的口岸进境。海关检疫人员实施现场检疫，查验检疫证书是否符合"检疫许可证"以及我国与输出国家或者地区签订的双边检疫协定的要求。审核"检疫许可证"是否为正本，并在有效期内。审验输出国家或者地区官方出具的"动物卫生证书"（正本）格式与海关总署确认的证书格式是否一致，证书中进口动物精液胚胎的品种、数量、输出国家和地区、运输路线、实验室测项目、标准等内容是否符合"检疫许可证"和双边检疫议定书（协定、谅解备忘录，会谈纪要等）要求。查贸易合同/协议、信用证、发及提运单等单据是否齐全，并与"检疫许可证"和"动物卫生证书"内容相符。核对进境动物遗传物是否来自海关总署注册登记的境外生产单位，注册登记编号是否与"检疫许可证"一致。无输出国家或地区官方检疫机构出具的有效"动物卫生证书"，或者未办理检疫审批手续的，进境口岸检验检疫机构可以根据具体情况，作退回或销毁处理。

输入的动物精液胚胎运抵口岸前，海关检疫人员提前备齐现场执法记录器具、检疫工具、样品容器、消毒药品器具、备用容器及液氮等，以备现场更换容器或补充液氮。输入的动物精液胚胎运抵口岸时，检疫人员在卸运前登上运输工具，检查运输记录，审核动物检疫证书，核对货、证是否相符。进行临诊观察和检查，包装、封识、保存状况是否完好等。装载容器发生泄漏或需要补充液氮的，进境口岸海关应监督货主或其代理人更换容器或补充液氮。

现场查验结束后，进境单位应在口岸检疫机构的监督下对进口动物精液胚胎的运输工具及装载容器等进行防疫消毒处理，对污染场地进行防疫性消毒。进境口岸海关现场检查合格的，签发"入境货物通关单"将货物调往"检疫许可证"指定的地点存放并实施检疫。现场检疫不合格的，在海关的监督下，作退回或者销毁处理。现场检查结后，检验检疫人员应填写现场检查记录。动物精液胚胎需调离进境口岸的，货主或其代理人应当向目的地海关申报，并提供向进境口岸海关提交的单证复印件和进境口岸签发的"入境货物通关单"。

（三）抽样送检

进口家畜精液胚胎抽样应该符合《出入境动物检疫采样》（GB/T 18088—2000）的采样规范要求。精液质量检验一般按照每头/只供体动物取二个剂量的精液，从受检精液贮存容器中按规定随机抽取二个剂量的精液样品，全部倒入量筒内（冻精需事先按解冻规程解冻），准确检测精液量。二个剂量平均数为样品的剂量，按公式（1）计算：

$$Q = \frac{n_1 + n_2}{2} \qquad (1)$$

式中：

Q —— 剂量值，mL；

n_1 —— 第一样品剂量，mL；

n_2 —— 第二样品剂量，mL。

（四）放行和处理

根据现场检疫、隔离检疫和实验室检验的结果，对符合议定书或协议规定的出具"入境货物检验检疫合格证明"，准予入境。对不符合议定书或协议规定的按规定实施检疫处理。检出患传染病、寄生虫病的动物，须实施检疫处理。检出《中华人民共和国进境动物检疫疫病名录》中一类传染病的，所有精液和胚胎禁止入境，作退回或销毁处理；检出《中华人民共和国进境动物检疫疫病名录》中二类传染病的，阳性动物的精液和胚胎禁止入境，作退回或销毁处理。检疫中发现有检疫名录以外的传染病、寄生虫病，但国务院农业行政主管部门另有规定的，按规定作退回或销毁处理。

经检疫合格的，出具"入境货物检验检疫证明"，准许存放、使用。经检疫不合格的，出具"兽医卫生证书"，供进境单位对外索赔。需做检疫处理的，出具"检验检疫处理通知单"。

第四节
实验室检疫

依据"检疫许可证"及我国与输出国家或地区政府签订的双边检疫议定书的要求采样并进行实验室检疫。实验室检疫不合格的，在检验检疫机构的监督下，作退回或者销毁处理。

一、精液质量检查

（一）活力检查

正常情况下，动物精液活力检查需要使用的主要仪器和器材包括：显微镜、恒温水浴锅、试管、载玻片、盖玻片、恒温装置、滴管等。

取二个剂量的常温精液轻轻摇动均匀，分别用滴管取精液约25μl置于载玻片上并加盖玻片，在37℃条件下，用显微镜（200倍～400倍）观察活力。每样片观察三个视野，并观察不同液层内的精子运动状态，进行全面评定。三个视野活力评价值的平均数按公式（2）计算：

$$M(\%) = \frac{n_1 + n_2 + n_3}{3} \qquad (2)$$

式中：

M —— 活力,%；

n_1—— 第一视野活力,%；

n_2—— 第二视野活力,%；

n_3—— 第三视野活力,%。

（二）直线前进的精子数检查

正常情况下，动物精液直线前进的精子数检查需要使用的主要仪器和器材包括：血球计数板、血盖片、血色素管、刻度吸管、小试管、计数器、显微镜、滴管、3.0%氯化钠溶液。检查方法：用血色素管准确吸取50μl样品，使用3.0%氯化钠溶液0.95mL与其混匀。将备好的血球计数板用血盖片将计数室盖好，用小吸管吸取，滴一滴于血盖片边缘，使精液自行流入计数室，均匀充满，不允许有气泡或厚度过大，然后在显微镜下观察计数。按照以下方法计算：

1. 每剂量中精子数＝5个中方格中的精子数×5（即25个中方格的总精子数）×10（1mm³内的精子数）×1000（每mL精液的精子数）×20（精液稀释倍数）×剂量值。

上式可简化为：

每剂量中精子数＝5个中方格精子数×100万×剂量值

2. 每样品观察上下两个计数室，取平均值，如两个计数室计数结果误差超过 5%，则应重检。

3. 每剂量中直线前进运动的精子数按公式（3）计算：

$$c = s \times m \qquad (3)$$

式中：

c —— 每剂量中直线前进运动精子数，个；

s —— 每剂量中精子数，个；

m —— 活力，%。

（三）精子畸形率的检查

最常用的禁止畸形率检查采用姬姆萨染色检测法。精液姬姆萨染色检测法所使用的主要器具和材料包括：显微镜、载玻片、小吸管、蒸馏水、姬姆萨染料、磷酸二氢钠、磷酸氢二钠、甲醛、甲醇、甘油等，所用试剂应为 AR 级。所用试剂配制如下：

1. 磷酸盐缓冲液

磷酸二氢钠（$NaH_2PO_4 \cdot 2H_2O$）	0.55g
磷酸氢二钠（$Na_2HPO_4 \cdot 12H_2O$）	2.25g
蒸馏水定容至 100.0mL	

2. 中性福尔马林固定液

40%甲醛 HCHO（使用前经碳酸镁中和过滤）	8.0mL
磷酸二氢钠（$NaH_2PO_4 \cdot 2H_2O$）	0.55g
磷酸氢二钠（$Na_2HPO_4 \cdot 12H_2O$）	2.25g

用 0.89%氯化钠约 50.0mL 溶解后加入 8.0mL 中和后的甲醛，再加 0.89%氯化钠溶液定容至 100.0mL。

3. 姬姆萨原液

姬姆萨染料	1.0g
甘油（$C_3H_5(OH)_3$）	66.0mL
甲醇（CH_3OH）	66.0mL

姬姆萨染料放入研钵中加少量甘油充分研磨至无颗粒为止，然后将甘油全部倒入并放入恒温箱中保温继续溶解 4h，再加甲醇充分溶解混匀，过滤后贮于棕色瓶中待用，贮存时间越久染色效果越好。

4. 姬姆萨染液

姬姆萨原液	2.0mL

| 磷酸盐缓冲液 | 3.0mL |
| 蒸馏水 | 5.0mL |

现配现用。

(四) 镜检、计算

制片染色可使用精子活力检查的样品，取精液一滴于载玻片一端，用另一边缘光滑的载玻片与有样品的载玻片呈35°夹角，将样品均匀地涂布于载玻片上，自然风干（约5min），每样品制作两个抹片。在已风干的抹片上滴上1.0mL~2.0mL中性福尔马林固定液，固定15min后用水冲去固定液，吹干或自然风干。将固定好后的抹片反扣在带有平槽的有机玻璃面上，把姬姆萨染液滴于槽和抹片之间，让其充满平槽并使抹片接触染液，染色1.5h后用水冲去染液，晾干待检。

将制备好的抹片在显微镜（400倍~600倍）下观察，每个抹片观察200个以上的精子（分左、右两个区），取两片的平均值，两片畸形率的差值不大于6，可认为符合要求，若超过应重新制片检查。精子畸形率按公式（4）计算：

$$A(\%) = \frac{A_1}{S} \times 100\% \qquad (4)$$

式中：

A —— 畸形率,%；

A_1—— 畸形精子数,个；

S —— 精子总数,个。

二、胚胎质量检查

(一) 胚胎形态学评价法

胚胎形态学评价标准包括细胞的紧凑程度、卵周隙大小、突出及损伤的细胞数值、胚胎颜色（色暗意味着细胞死亡）、胚胎形状、透明带损伤、空泡的大小及数量、胎龄与发育程度的关系等。胚胎质量的形态学评价方法不需要复杂的仪器设备及长时间体外培养，是目前最受青睐的一种胚胎质量评价方法。其缺点是主观性较强。

(二) 活体染料染色法

常用的活体胚胎染料有台盼蓝和二乙酰荧光素（FDA）。FDA本身是一种非荧光化合物，它可穿过哺乳动物的细胞膜。当 FDA 进入活细胞后，在酯酶（仅存在于活细胞内）作用下，分解转化为荧光化合物并堆积在细胞内。在紫外线激发下可发出荧光。故可用此法鉴定胚胎活力。把所获胚胎放在含 FDA 的培养液中培养一至数分钟，冲洗后马上置荧光显微镜下检查。发生荧光者可以判断为活力较高。不发荧光的可以断为死胚。用活体染料染色法鉴定胚胎活性能快速得到结果，但必须确保活体染料对细胞无毒性，分析结果与胚胎活力相符。用该法鉴定胚胎的活力，所得结果较为可靠。

（三）代谢活动测定法

胚胎具有很强的分化和生长发育潜力，与其他组织相同，也是由细胞组成的。一般体细胞的很多代谢方式同样适用于胚胎细胞。因此，通过测定胚胎的代谢活动而判断胚胎的活力是可行的。代谢活动测定法一般应满足以下三方面要求：一是测定方法必须针对单个胚胎，以利实用；二是测定操作不能损伤胚胎，所用方法对胚胎无害，所用底物及所测产物能在培养基和胚胎细胞间相互交换；三是测定方法尽可能简单。

常用的代谢活动测定法有糖酵解活性法和组氨酸脱羧酶活性法等多种方法。糖酵解活性法：通过测定胚胎培养前后培养基中糖酵解底物的浓度变化来判断胚胎的活性。胚胎对糖利用量的多少与胚胎活力有直接关系，利用葡萄糖多的胚胎活性高，反之说明活性低。组氨酸脱羧酶活性法：胚胎摄取某些氨基酸例如组氨酸等都需要通过组氨酸脱羧酶催化组氨酸脱羧反应。通过测定胚胎组氨酸脱羧酶催化组氨酸脱羧反应的活性也可评价胚胎的活性。一般来说，氨基酸降解比糖酵解更能反映胚胎能力。

三、实验室检疫

采样标准：一般按一头公畜（动物）一个采精批号为一个计算单位，100 支（粒）以下采样 4%~5%，101~500 支（粒）采样 3%~4%，501~1000 支（粒）采样 2%~3%，1000 支（粒）以上采样 1%~2%。

根据检验检疫条款需按上述标准采样，对精液进行牛传染性鼻气管炎、黏膜病、口蹄疫、蓝舌病等病毒分离试验。

胚胎样品应采自符合双边动物检疫协定或中国有关兽医卫生要求的全合格供胚胎畜。

保证胚胎没有病原微生物，主要以检验供胚动物、受胚动物、胚胎采集或冲洗液及胚胎透明带是否完整为决策依据，原则上不以胚胎作为检测样品。供胚动物及受胚动物的检疫将按照我国与输出国或地区所签订的双边胚胎检疫议定书的要求执行。

胚胎透明带检查：在显微条件下，把胚胎放大 50 倍以上，检查透明带表面，并证实透明带完整无损，无黏附杂物。

胚胎按国际胚胎移植协会（IETS）规定方法冲洗（胚胎经 10 次清洗，每次用 100 倍稀释的灭菌营养液，用新的灭菌吸管进行清洗），并且在冲洗前和冲洗后透明带均应完整无损。

采集液、冲洗液样品：将采集液置于消毒容器中，静置 1h 后弃上清液，将底部含有碎片的液体（约 100mL）倒入消毒瓶内。如果用滤器过滤采集胚胎，将滤器上被阻碎片洗下倒入 100mL 的滤液的；洗液为收集胚胎的最后 4 次冲洗液。上述样品应置 4℃保存，并在 24h 进行检验，否则应置-70℃冷冻待检。

放在无菌安瓿或细菌管内的胚胎，应贮存在消毒的液氮容器内，凡从同一供体动物采集的胚胎应放在同一安瓿内，并在冷冻时做好标记和封识，标记应能体现产地、供体动物、生产单位、生产日期等内容。

检验检疫机构根据我国与输出国或地区签订的双边检疫和卫生要求议定书或"检疫许可证"的要求，对进境的动物精液或胚胎实施检验检疫。

需要实施实验室检疫的，按照有关规定或双边检疫和卫生要求议定书的规定，采取检疫样品，出具"抽/采样凭证"。对精液来讲，采样标准以每头供精动物一次采精为一个单位，每个采精单位取 3 支冻精合为一个样品进行实验室检疫，具体采样数量根据供精动物数量、采精次数（根据检疫证书和精液有关资料）和实验室检验项目确定。采样需留存复检样品。

四、动物检疫标准

我国制定的有关动物检疫标准主要包括国家标准（GB，见表 4-2）、行业标准如检验检疫行业标准（SN，见表 4-3）、农业标准（NY，见表 4-4）、水产标准（SC）等。

表 4-2 国家标准

标准号	名称
GB 16551—2020	猪瘟诊断技术
GB/T 17494—2023	马传染性贫血诊断技术
GB/T 17823—2009	集约化猪场防疫基本要求
GB/T 18088—2000	出入境动物检疫采样
GB/T 18089—2008	蓝舌病病毒分离、鉴定及血清中和抗体检测技术
GB/T 18090—2023	猪繁殖与呼吸综合征诊断方法
GB/T 18635—2002	动物防疫基本术语
GB/T 18636—2017	蓝舌病诊断技术
GB/T 18637—2018	牛病毒性腹泻/黏膜病诊断技术规范
GB/T 18638—2021	流行性乙型脑炎诊断技术
GB/T 18639—2023	狂犬病诊断技术
GB/T 18640—2017	家畜日本血吸虫病诊断技术
GB/T 18641—2018	伪狂犬病诊断方法
GB/T 18642—2021	旋毛虫诊断技术
GB/T 18644—2020	猪囊尾蚴病诊断技术
GB/T 18645—2020	动物结核病诊断技术
GB/T 18646—2018	动物布鲁氏菌病诊断技术
GB/T 18647—2020	动物球虫病诊断技术
GB/T 18648—2020	非洲猪瘟诊断技术
GB/T 18649—2014	牛传染性胸膜肺炎诊断技术
GB/T 18651—2002	牛无浆体病快速凝集检测方法
GB/T 18653—2002	胎儿弯曲杆菌的分离鉴定方法
GB/T 18935—2018	口蹄疫诊断技术
GB/T 19180—2020	牛海绵状脑病诊断技术
GB/T 19200—2003	猪水泡病诊断技术
GB/T 19438.1—2004	禽流感病毒通用荧光 RT-PCR 检测方法
GB/T 19526—2004	羊寄生虫病防治技术规范

续表

标准号	名称
GB 15976—2015	血吸虫病控制和消除
GB 16568—2006	奶牛场卫生规范
GB/T 22329—2008	牛皮蝇蛆病诊断技术
GB/T 22330.1—2008	无规定动物疫病区标准第 1 部分：通则
GB/T 22330.2—2008	无规定动物疫病区标准第 2 部分：无口蹄疫区
GB/T 22330.3—2008	无规定动物疫病区标准第 3 部分：无猪水泡病区
GB/T 22330.4—2008	无规定动物疫病区标准第 4 部分：无古典猪瘟（猪瘟）区
GB/T 22330.5—2008	无规定动物疫病区标准第 5 部分：无非洲猪瘟区
GB/T 22330.7—2008	无规定动物疫病区标准第 7 部分：无牛瘟区
GB/T 22330.8—2008	无规定动物疫病区标准第 8 部分：无牛传染性胸膜肺炎区
GB/T 22330.9—2008	无规定动物疫病区标准第 9 部分：无牛海绵状脑病区
GB/T 22330.10—2008	无规定动物疫病区标准第 10 部分：无蓝舌病区
GB/T 22330.11—2008	无规定动物疫病区标准第 11 部分：无小反刍兽疫区
GB/T 22330.12—2008	无规定动物疫病区标准第 12 部分：无绵羊痘和山羊痘（羊痘）区
GB/T 22333—2008	日本乙型脑炎病毒反转录聚合酶链反应试验方法
GB/T 22910—2023	痒病诊断技术
GB/T 22914—2008	SPF 猪病原的控制与监测
GB/T 22915—2008	口蹄疫病毒荧光 RT-PCR 检测方法
GB/T 22916—2008	水泡性口炎病毒荧光 RT-PCR 检测方法
GB/T 22917—2008	猪水泡病病毒荧光 RT-PCR 检测方法
GB/T 23239—2009	伊氏锥虫病诊断技术

表4-3 检验检疫行业标准

SN/T 0331—2013	出口畜产品中炭疽杆菌检验方法
SN/T 1084—2010	牛副结核病检疫技术规范
SN/T 1086—2011	牛生殖道弯曲杆菌病检疫技术规范
SN/T 1087—2011	Q热检疫技术规范
SN/T 1088—2010	布氏杆菌检疫技术规范
SN/T 1128—2007	赤羽病检疫技术规范
SN/T 1161—2010	鹿流行性出血病检疫技术规范
SN/T 1164.1—2011	牛传染性鼻气管炎检疫技术规范
SN/T 1165.1—2002	蓝舌病竞争酶联免疫吸附试验操作规程
SN/T 1165.2—2002	蓝舌病琼脂免疫扩散试验操作规程
SN/T 1166—2010	水泡性口炎检疫技术规范
SN/T 1167—2002	鹿流行性出血病琼脂免疫扩散试验操作规程
SN/T 1171—2011	山羊关节炎—脑炎和绵羊梅迪—维斯纳病检疫技术规范
SN/T 1181—2010	口蹄疫检疫技术规范
SN/T 1207—2011	猪痢疾检疫技术规范
SN/T 1223—2003	绵羊进行性肺炎抗体检测方法 琼脂免疫扩散试验
SN/T 1315—2010	牛地方流行性白血病检疫技术规范
SN/T 1316—2011	牛海绵状脑病检疫技术规范
SN/T 1350—2004	牛锥虫病补体结合试验方法
SN/T 1357—2004	茨城病免疫琼脂扩散试验方法
SN/T 1379—2010	古典猪瘟检疫规程
SN/T 1382—2011	马流产沙门氏菌病凝集试验方法
SN/T 1396—2015	弓形虫病检疫技术规范
SN/T 1446—2010	猪传染性胃肠炎检疫规范
SN/T 1447—2011	猪传染性胸膜肺炎检疫技术规范
SN/T 1449—2011	马流行性淋巴管炎检疫技术规范
SN/T 1559—2010	非洲猪瘟检疫技术规范
SN/T 1574—2005	猪旋毛虫病酶联免疫吸附试验操作规程

续表

SN/T 1582—2005	引进外来有害生物及其控制物检疫规程
SN/T 1670—2005	进境大中家畜隔离检疫及监管规程
SN/T 1691—2006	进出境种牛检验检疫操作规程
SN/T 1693—2006	牛流行性热微量血清中和试验操作规程
SN/T 1694—2011	马媾疫检疫技术规范
SN/T 1696—2006	进出境种猪检验检疫操作规程
SN/T 1698—2010	伪狂犬病检疫技术规范
SN/T 1699—2017	猪流行性腹泻检疫技术规范
SN/T 1129—2015	牛病毒性腹泻/黏膜病检疫技术规范
SN/T 1247—2022	猪繁殖与呼吸综合征检疫技术规范
SN/T 1919—2016	猪细小病毒病检疫技术规范
SN/T 1997—2007	进出境种羊检测操作规程
SN/T 1998—2007	进出境野生动物检验检疫规程
SN/T 2018—2007	马鼻疽检疫技术规范
SN/T 2021—2007	牛无浆体病检疫技术规范
SN/T 2022—2007	牛温氏附红细胞体聚合酶链式反应操作规程
SN/T 2024—2017	出入境动物检疫实验室生物安全分级技术要求
SN/T 2025—2016	动物检疫实验室生物安全操作规范
SN/T 2028—2015	出入境动物检疫术语
SN/T 2032—2021	进境种猪指定隔离检疫场建设规范
SN/T 2033—2007	绵羊地方性流行病微量补体结合试验操作规程
SN/T 2067—2008	出入境口岸流行性乙型脑炎监测规程
SN/T 2123—2008	出入境动物检疫实验样品采集、运输和保存规范
SN/T 2124—2013	大西洋鲑鱼三代虫病检疫技术规范

表4-4 农业标准

NY 5031—2001	无公害食品生猪饲养兽医防疫准则
NY/T 537—2023	猪传染性胸膜肺炎诊断技术

续表

NY/T 539—2017	副结核病诊断技术
NY/T 541—2016	兽医诊断样品采集、保存与运输技术规范
NY/T 542—2002	茨城病和鹿流行性出血病琼脂凝胶免疫扩散试验方法
NY/T 543—2002	牛流行性热微量中和试验方法
NY/T 544—2002	猪流行性腹泻诊断技术
NY/T 545—2023	猪痢疾诊断技术
NY/T 546—2002	猪萎缩性鼻炎诊断技术
NY/T 548—2002	猪传染性胃肠炎诊断技术
NY/T 549—2002	赤羽病细胞微量中和试验方法
NY/T 550—2002	动物和动物产品沙门氏菌检测方法
NY/T 552—2002	流行性淋巴管炎诊断技术
NY/T 555—2002	动物产品中大肠菌群、粪大肠菌群和大肠杆菌的检测方法
NY/T 557—2021	马鼻疽诊断技术
NY/T 561—2002	动物炭疽诊断技术
NY/T 562—2002	动物衣原体病诊断技术
NY/T 564—2016	猪巴氏杆菌病诊断技术
NY/T 565—2002	梅迪—维斯纳病琼脂凝胶免疫扩散试验方法
NY/T 566—2019	猪丹毒诊断技术
NY/T 569—2002	马传染性贫血病琼脂凝胶免疫扩散试验方法
NY/T 570—2002	马流产沙门氏菌病诊断技术
NY/T 571—2018	马腺疫诊断技术
NY/T 573—2022	动物弓形虫病诊断技术
NY/T 574—2023	地方流行性牛白血病诊断技术
NY/T 575—2019	牛传染性鼻气管炎诊断技术
NY/T 576—2002	绵羊痘和山羊痘诊断技术
NY/T 577—2002	山羊关节炎/脑炎琼脂凝胶免疫扩散试验方法
NY/T 678—2003	猪伪狂犬病免疫酶试验方法
NY/T 679—2003	猪繁殖与呼吸综合征免疫酶试验方法
NY/T 904—2004	马鼻疽控制技术规范

NY/T 907—2004	动物布氏杆菌病控制技术规范
NY/T 938—2005	动物防疫耳标规范
NY/T 1185—2018	马流行性感冒诊断技术
NY/T 1186—2017	猪支原体肺炎诊断技术
NY/T 1188—2006	水泡性口炎诊断技术
NY/T 1465—2007	牛羊胃肠道线虫检查技术
NY/T 1466—2018	动物棘球蚴病诊断技术
NY/T 1467—2007	奶牛布鲁氏菌病 PCR 诊断技术
NY/T 1468—2007	丝状支原体山羊亚种检测方法
NY/T 1470—2007	羊螨病（痒螨/疥螨）诊断技术
NY/T 1471—2017	牛毛滴虫病诊断技术

第五节
检疫监督

◇

一、使用单位备案

海关部门对动物精液胚胎实施检疫监督管理，对进境精液胚胎的加工、存放、使用实施检疫监督管理，对动物遗传物质的第一代后裔实施备案。进境动物遗传物质的使用单位应当到所在地海关部门备案。使用单位应当填写进境动物遗传物质检疫监管档案，接受海关部门监管；每批进境动物遗传物质使用结束，应当将进境动物遗传物质检疫监管档案报海关部门备案。海关部门根据需要，对进境动物遗传物质后裔的健康状况进行监测。

（一）申请

进境动物遗传物质使用单位首次申请"检疫许可证"前，应向直属海关提出申请，先办理进境动物遗传物质使用单位备案。申请备案时须准备以下书面材料：

1. "进境动物遗传物质使用单位备案表"（见表4-5）；

表4-5 进境动物遗传物质使用单位备案表

申请单位				
单位地址				
法人代表		法人代码		
联系电话		传　真		电子信箱	
单位性质	□国有企业　　　□事业单位　　　□合资企业 □外资企业　　　□私有企业　　　□其他			

<table>
<tr><td>

　　根据《进境动物遗传物质检疫管理办法》，现申请使用进境动物遗传物质。我单位将严格遵守《中华人民共和国进出境动植物检疫法》及其实施条例等法律法规；接受检验检疫机构的监督指导；认真履行《进境动物遗传物质检疫管理办法》规定的义务。

申请单位（公章）
法人代表（签字）：
　　　年　　月　　日

</td></tr>
<tr><td>

检验检疫机构审核意见：

负责人（签字）：

　　　年　　月　　日

</td></tr>
</table>

2. 单位法人资格证明文件复印件；

3. 具有熟悉动物遗传物质保存、运输、使用技术的专业人员；

4. 具备进境动物遗传物质的专用存放场所及其他必要的设施；

5. 有关进境动物遗传物质使用的管理制度。

（二）考核与发证

海关部门对申请单位提交的申请材料在规定时限内完成受理审核，材料符合申请要求的予以受理。受理后，依据《进境动物遗传物质检疫管理办法》及有关要求进行文审和备案资质考核，考核合格的颁发"进境动物遗传物质使用单位备案证书"，考核不合格的，不予备案。

（三）其他事项

1. 直属海关将已备案的使用单位，报告海关总署。

2. 颁发备案证书，备案有效期三年。

3. 年审。海关部门负责组织实施已备案进境动物遗传物质使用单位的年审工作，年审不合格的应该限期整改，整改合格的恢复继续办理进口精液胚胎业务，不合格的取消备案资质。

二、备案单位管理

（一）进口动物精液胚胎备案单位应该具备科学、合理、健全的兽卫生防疫、环境保护措施，有明确的精液胚胎使用计划目标。

（二）进口的动物精液胚胎应单独存放，使用单位应当建立进口动物精液胚胎的管理制度，建立健全、完整、系统的档案记录制度。

（三）备案单位应指派专业人员负责动物精液胚胎的存放和使用，加强动物卫生防疫工作。应该定期对受体动物进行临床检查，发现疑似传染病症状的，及时采样送实验室检疫。

（四）认真填写进口动物精液胚胎检疫监管档案和动物精液胚胎使用记录。使用记录包括使用时间、使用单位、使用数量等。每批进口动物精液胚胎使用结束，应当将进口动物精液胚胎检疫监管档案报海关备案。

（五）海关部门根据需要，对进口动物精液胚胎后裔的健康状况进行监测，有关单位应当予以配合。

（六）备案单位负责对受体动物及后裔予以标识，并建立饲养档案。海关部门对第一代后裔的健康状况进行监测。

三、资料归档

（一）进境动物精液胚胎使用完毕后，应及时总结动物精液胚胎的使用情况，并将进口动物精液胚胎检疫监管档案报送海关部门。

（二）海关部门整理检疫过程中的所有单证、原始记录、有关资料等，并按规定进行保存。

（三）对违反《进境动物遗传物质检疫管理办法》规定的，海关依照有关法律法规的规定予以处罚。